天下文化
BELIEVE IN READING

破解好萊塢
的科幻想像

11種電影裡的世界末日與科學

艾德華斯、布魯克斯——著

黃靜雅——譯 鄭涵文——繪圖

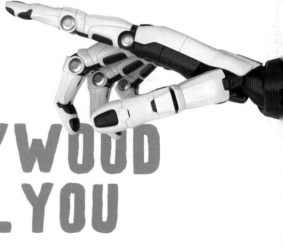

HOLLYWOOD
WANTS TO KILL YOU

The Peculiar Science of Death in the Movies

破解好萊塢的科幻想像　　目錄

面對死亡，讓人更高尚

這本書是為了「可以在下列框框中打勾的人」而寫的：

☐　我總有一天會死

☐　我喜歡看電影

我們不妨直說吧，看了這本書，你恐怕還是免不了一死。身為作家，能達成的目標有限即使你和我們一樣很擅長寫作。

我們的目標比較平庸一點。我們覺得，在好萊塢的推波助瀾下，我們可以提升你的境界，使你成為更好的人。所以，如果兩個框框你都打了勾，請繼續看下去。

或許看起來不太像，但這是一本勵志書。我們心知肚明，這本書的書名不是一看就很勵志的那種。不是《六種改善人生的方法：沉溺於不可避免的死亡之

餘、不忘用貴森森的爆米花和不冷不熱的玉米片來填飽自己》，或《駕馭好萊塢讓你得永生（永遠活在愛人的心中）》。但是這本書將會透過以下三道步驟，使你成為更好的人：

- 第一道步驟：看一些電影。很容易吧？
- 第二道步驟差不多一樣簡單：聽我們娓娓道來「電影中招來死神的各種方法」。
- 第三道步驟有點難：你要勇於面對自己的死亡。

好消息是，第三道步驟可有可無。等到完成第二道步驟，反正你已經變成更好的人了。為什麼呢？因為完成了第一道和第二道步驟，你就會明白，死亡在電影中無所不在。好萊塢並不是真的想要殺死你，而是別無選擇。威脅要殺死什麼東西，這樣才能引起人們的關注，而你的關注正是好萊塢非常想要的。

每位優秀的編劇和導演都知道，我們骨子裡有一種「渴望與死神擦肩而過」的基因。我們喜歡聞血腥味（至少隱喻上來說）。腎上腺素伴隨著威脅感而來，令人興奮不已。說來有悖常理，但面對死亡，反而令我們感覺生氣勃勃。激勵我們成為更好的人、不枉此生好好活著的，正是死亡。

這就是為什麼，所有人類文化訴說的故事，說來說去都在訴說死亡的危險。

自從有了聊天和歷史紀錄，就有了關於死亡的

故事。第一個記載在案的故事（寫在四千年前的泥板上），是一部稱為《吉爾伽美什史詩》（*The Epic of Gilgamesh*）的詩集。是什麼樣的故事？有一個怕死的國王，想要長生不老。從此以後，一些最扣人心弦的故事總是和「英雄與致命怪物搏鬥」有關，例如：貝武夫大戰怪獸格蘭戴爾（Beowulf vs. Grendel）、忒修斯大戰牛頭怪獸（Theseus vs. the Minotaur）、洛基大戰伊凡卓格（Rocky vs. Ivan Drago）。

人類愛看「與死亡打交道」的故事，這種欲望塑造了好萊塢的風格。這就是為什麼，往往電影才開演沒多久，你就會感受到死亡的陰影。

《小鹿斑比》的鹿媽媽死了（抱歉爆雷了）。《美女與野獸》的貝兒也失去了她的母親。這麼多的迪士尼英雄喪父或喪母，實在很難理解，這些電影怎麼會適合兒童觀看。迪士尼幾乎都在讓你看缺德的繼父和邪惡的後母，或是有愛心卻沒本事的阿姨和叔叔。從《冰雪奇緣》到《星際大戰》，劇情中有已逝親人的電影，多到讓你嚇一跳。

在好萊塢，死亡從來不會遠在天邊，因為貼近死亡才能提高你的電影體驗。這就是為什麼，每個英雄或英雌都必須面對自己的死亡，或是面對籠罩他們自身、他們家人、他們社會、他們星球……甚至他們整個星系的生死存亡威脅。不管威脅的形式是病毒、鯊

魚、小行星、殺人如麻的外星人，還是持刀砍人的心理變態老阿伯，致人於死的怪物總是在附近蠢蠢欲動。

這話聽起來可能不太好聽，但事實就是如此。部分是因為，這正是探索科學的一種藉口。很多科學研究無非是在尋找避免死亡的方法。這就是為什麼，本書的字裡行間，充滿了科學家的豐功偉業與見解。

科學家深入外太空，為了窺探小行星的威脅。他們試圖搞清楚，該如何描述死亡本身：生命的終止，究竟是從心臟停止跳動，還是從核磁共振（MRI）掃描儀再也看不到大腦信號的那一刻開始？掠食性動物如何演化、如何殺戮、我們如何避開牠們，向來都是人類歷史上的重要科學主題。

科學家也研究很現代的問題，例如：由於現代塑膠產品中的人工激素釋放至環境中，所有的物種是否岌岌可危？氣候變化會不會一發不可收拾，使我們的星球陷入混亂？目前很流行的失眠，會不會摧毀我們的心智？還有，人類史上最嚴重的傳染病之一發生後，一個世紀以來，對於病毒造成的生存威脅，我們有何因應之道？生老病死是否無可避免？還是我們快要找到萬靈丹了？

事實上，好萊塢迷戀死亡，正好幫了我們所有人的忙。因為，如果有什麼事情是科學家知道的，那就是：想到死亡，讓我們解決了很多事情。死亡是大

部分醫學進步的根源，理由應該很明顯。死亡也是農業、建築業、衣服，以及始於軍事創新的所有技術的根源。在許多方面，文明正是「我們與死亡格格不入」的副產品。

　　但其實不只是這樣。各種科學實驗顯示，不諱言死亡，使我們對人類同胞表現出更高尚的行為。有一項研究，訪談人們對於慈善機構的態度，結果發現，在殯儀館旁邊接受訪談的人，重視慈善捐贈的程度高於在其他地方接受訪談的人。想到死亡，使人們拒絕財富名利之追求，使人們重視生命中的種種關係，成為更好的人。

　　事實上，由於明知自己難免一死，我們熱中於建立恆久的傳承，藉由寫書、拍攝影片、成立家庭來珍藏記憶。德國有一項「請受試者聯想自己死亡」的實驗，結果使他們更有意願生兒育女。

　　這就是本書之所以是勵志書的原因。剖析好萊塢想要用哪些方法來殺死你（或至少讓你深思死亡），最終會使你在各方面都變得更好。聖雄甘地曾經說過：「如同明日將死那樣生活，如同永遠不死那樣求知。」這本書可以幫助你一舉兩得。

　　不用客氣。

　　　　　瑞克・艾德華斯與邁可・布魯克斯

第 1 種末日

病毒肆虐

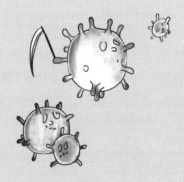

「不要跟任何人交談！不要碰任何人！」
——《全境擴散》(*Contagion*，2011)

在《全境擴散》電影裡，香港出現了一種類似流感的病毒。有一位美國女商人去香港出差，在回國前遭到感染，她身上帶著這種病毒，結果造成毀滅性的影響。沒多久，她和她的兒子都死了，負責疾病管制的政府部門很快就發現，他們正面臨致命的流行性傳染病。

好萊塢想像人類大量死亡的眾多方式當中，「全球傳染病大流行」的點子或許是最恐怖的。那是因為，它是最符合現實的其中一種死法。世界衛生專家認為，萬一我們不幸遇到不該遇到的病毒，《全境擴散》的劇情是十分可信的。請注意：這部電影可能會救你一命。

《全境擴散》海報標語是「沒有什麼比得上恐懼的蔓延」，但這不見得是對的。按理說，病毒的蔓延更快。面對傳染病大流行，造成人心惶惶，民眾因為害怕染病而盡量避免所有可能的風險，這場仗就打贏了一半。不幸的是，病毒已經演化到打勝仗的地步。這就是為什麼，它們蔓延的比恐懼還要快。

病毒是很不尋常的東西。我們說「東西」是因為，我們不知道它們到底是什麼。生物學家對於「它們是不是活的」，還沒有達成共識，因為病毒正好介於化學和生物學之間，而且它們擺出了極具威脅的姿態。

想像病毒最好的方式，或許是想像成「用DNA編寫的電腦程式」，DNA是用來複製生物機制的分子（有時是相關的化學物質，RNA）。程式大致上像這個樣子：

① 四處遊蕩，直到你找到某種分子機制，能夠複製你的DNA/RNA鏈。

② 接管那個機制。

③ 複製你的DNA/RNA，並且建立蛋白質防護膜來保護它。

④ 將所有東西組合成新的病毒粒子。

⑤ 離開那個地方。

⑥ 回到第①點。

　　如此看來，病毒並不壞。它們並不是故意要傷害你。只不過，執行這套程式的步驟，難免會對你造成傷害，因為它們正在尋找的分子機制，存在於你的細胞內。是「闖入細胞、接管機制、離開細胞」的行為，留下了一連串的後患。

作者愛哈拉：**恐怖的死法？**

 《全境擴散》的流感，死法並沒有那麼恐怖。

你的肺會遭到病毒液化。我堅決將它列為「恐怖的死法」。

 聽我說。每次我得流感，我跟人家說我快死了，他們就會嘲笑我。

所以，為了證明那些懷疑你的人是錯的，流感害死你，你竟然會很開心？

瞧你說成什麼樣子了，聽起來很離譜，但是沒錯，我會很開心。

別的不說，你還真是個小心眼的人。

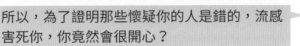

我們可沒說，病毒對此感到抱歉，但這也不是針對你個人：病毒根本對你無動於衷。你嘗起來既不美味（詳見〈第3種末日〉），也不是什麼威脅（詳見〈第4種末日〉）；你只是很好用，用完就可以丟了。

在我們談論《全境擴散》時，可能也會談到細菌。畢竟，細菌也會致命。中世紀席捲歐洲的黑死病，是細菌的傑作，不是病毒。如同過去暴發的任何病毒疫情，細菌也具有破壞性。但是，至少我們目前對於細菌感染有一定的防禦能力。

這些防禦，就是所謂的抗生素。雖然有些抗生素確實對某些細菌沒效（而且其中有些生物體對所有的抗生素都有抗藥性，這件事本身特別可怕），但我們沒有任何科技武器可以殺死病毒。

沒有就是沒有。

有些抗病毒藥物可以抑制它們的傳播，我們的免疫系統可以抵抗它們到一定的程度，但是，沒有對付病毒感染的靈丹妙藥。這就是為什麼，當你感冒時，你的醫生叫你只要休息就好，不要再叫他開抗生素了。最好的辦法，就是讓身體的自然防禦能力發揮最大效果。

病毒有隱身術

諷刺的是，病毒竟然也有用來對付我們的防禦機制，最主要的防禦機制就是「隱身術」。

它們不動聲色，不斷的複製DNA，而那種DNA被包在一層蛋白質「衣殼」裡，所以免疫系統根本認不出它是外來的異物。當衣殼層上的「撬棍」（形狀像棒棒糖而且可以撬開東西的棍子）撬開細胞壁時，你的身體才第一次知道病毒的存在。

以流感病毒為例。你可能聽過科學家討論H1N1或H5N2：

「H」就是那個形狀像棒棒糖的撬棍。這種分子稱為血球凝集素（hemagglutinin），有多種不同的形式，每種形式都用數字來表示。比方說，1918年的「西班牙」流感病毒是H1。1968年，H3病毒在香港造成流感大流行。20世紀的每一次流感大流行，都帶來一種新的H病毒。

「N」代表神經氨酸酶（neuraminidase）。這種分子的作用，是使在細胞內剛生成的病毒粒子脫離細胞；它就像是玻璃切割刀，可以切開細胞壁。這種分子也有很多變種。我們知道的總共有18種H和11種N。

長知識 ▸ **再生基數是什麼？**

在《全境擴散》電影開頭不久，疾病管制主管聚在一起，討論可能發生的情況。他們主要關心的是再生基數R^0，亦即「一名帶原者會傳染給多少新的人」。計算方式是根據觀察疫情暴發的實際情況，而結果將會受到某些因素的影響，例如接種疫苗的人口比例，或當地的生活條件等等。

如果R^0是10，代表每個案例又會產生十個案例。理想的R^0值應該要小於1，意味著疾病很快就會消滅。1918年的西班牙流感，R^0介於1.4和2.8之間。引發2014年伊波拉（Ebola）疫情的病毒，R^0也差不多。

不過，你該擔心的統計數據，並不是只有R^0而已。H5N1禽流感病毒的R^0小於1，因為它不能藉由空氣傳播，但它也非常容易致死，造成約六成的感染者喪生；西班牙流感的致死率為10%到20%，相較之下顯得微不足道。

病毒的問題，有一部分來自於變種。會有這麼多種不同的H，是因為流感病毒的RNA自我複製能力很差，結果使它的組成產生微小的變化。這樣不斷的演化，使我們的免疫系統很難認出它是一種威脅。

H是免疫系統唯一認得的誘發因子，但是如果它的形狀改變太多，免疫系統很有可能不會發現它。這就是為什麼，我們每年必須製造新的流感疫苗。這也是愛滋病毒（HIV，人類免疫不全症病毒）如此具有破壞力的原因。它的RNA自我複製非常草率，以至於它的演化快得離譜，我們的免疫系統根本不知道要找的是什麼。

所以，或許我們應該把病毒看成冷酷、致命、無情的殺手、微觀世界的變態狂。同樣值得注意的是，有些病毒會感染真菌、細菌、昆蟲和植物。病毒是多采多姿的生命織錦的一份子；令人驚訝的是，雖然病毒冷酷又致命，但是沒有它們，你也活不成。

你的基因組（genome，用來複製你的「指令」）有高達8%是由病毒的DNA組成。在你的基因組成中，大約有一萬個片段來自一種特殊的病毒，稱為反轉錄病毒（retrovirus）。這種病毒將自己的基因組片段插入它所感染的細胞的DNA。如果反轉錄病毒感染的正好是精子和卵子細胞，這種病毒的DNA就會遺傳給下一代。

在過去，我們的生物功能偶然間使這種DNA開始發揮作用。研究人員認為，免疫系統反應及胎盤保護成長中胎兒等多種機制，和暗藏於反轉錄病毒DNA中的密碼有關，這些密碼在一億多年前進入我們祖先的基因組。

因此，雖然在《全境擴散》電影裡，病毒感覺上好像是壞人，但是你要知道，其實病毒救過你的命。

作者愛哈拉：**錯的豬遇見了錯的蝙蝠**

我一直很喜歡電影裡的這句話：「在世界上的某個地方，錯的豬遇見了錯的蝙蝠。」因為這意味著，在世界上的其他地方，對的豬遇見了對的蝙蝠。

聽起來比較像是浪漫愛情動畫片的場景。

是的，看那種片子很開心。我發現，這些關於死亡的電影都很令人沮喪。

嗯，我覺得，從統計學和醫學方面來看，你應該會早死，比我早得多。

======= 防雷線 =======

　　在《全境擴散》電影裡，我們得知（以下有雷），改變世界、鬧得天翻地覆的毀滅性病毒，是在蝙蝠將一根香蕉扔進豬圈之後產生的。如果有什麼東西比「存在於動物體內的病毒」還要糟糕，那就是「起初在某一物種身上，後來變成在另一物種身上」的病毒。

　　許多存在於某些物種體內的病毒，並不會造成任何危害。比方說，2014年在西非引爆伊波拉疫情的蝙蝠是「蓄體」（reservoirs）：牠們的體內有病毒，但由於某些原因（目前還有爭議），病毒並沒有引發任何症狀。當人類不小心接觸到這些蝙蝠，這才出了問題。人類提供了細胞機制的新世界，讓病毒可

以盡情探索。

　　據科學家追溯2014年伊波拉疫情的源頭，猜測整件事的始作俑者很可能是一位名叫瓦莫諾（Emile Ouamouno）的幼童。

　　瓦莫諾住在幾內亞東南部的村莊梅里安杜（Meliandou），2013年12月，他在蝙蝠出沒的樹底下玩耍。據村民說，他當時在抓蝙蝠玩，還戳來戳去。小孩子嘛，很有可能不小心碰到蝙蝠的糞便，結果有些糞便留在他的手指上、指甲裡，最後連嘴巴裡也有。無論到底是哪一種途徑，病毒進入瓦莫諾的身體，沒多久他就病逝了。幾個星期內，伊波拉病毒席捲了整個西非。

第一起跨物種傳染

　　我們首度得知類似的跨物種傳染，可能是在1933年。有一名英國研究人員當時正在研究雪貂，他故意讓雪貂染上流感。有一隻雪貂對著他的臉打噴嚏，結果他也生病了。後來的科學家研究發現，他們可以將自己身上的病毒又傳染回去給雪貂。想必是用打噴嚏來報復吧。

　　這種「動物傳染給人類」的故事，病毒研究人員現在已經很熟悉了。事實上，本世紀影響人類的新型傳染病，其中有四分之三來自於動物。以HIV為例，從基因分析來看，HIV的來源，似乎是在西非黑猩猩身上發現的「猿猴免疫不全症病毒」（simian immunodeficiency virus，SIV）。該地區的動物被大量捕殺，成為肉類食品，有人不小心接觸到受感染的血液，結果提供環境給這種病毒，病毒可能發生了突變，成為可感染人類的病毒形式。

　　突變是病毒致病的關鍵。基本上，同一病毒的不同病毒

株,可以利用奇特的「病毒性行為」來交換遺傳物質。通常新的結合不會產生太大差異,但有時候它們會改變遊戲規則。以流感為例,結果可能會產生新的H或新的N。這可能意味著,從未傳染給人類的流感病毒,突然有了與人類細胞受體結合所需要的H。

如果環境條件提供很多機會,讓病毒與多個伴侶進行病毒性行為,產生新的危險病毒的機率就會增加。這就是為什麼,許多病毒專家提出警告:現代的生活方式正在助長病毒雜交。

以工廠型農業為例。在中國、加州和美國中西部,所謂的「集中化動物飼養」(concentrated animal feeding operations,CAFOs)農業經營方式,就是集中管理牛、豬、鵝、火雞、雞,以及其他可將原料變成豐厚利潤的任何動物。

這些寬廣的場所充斥著廢棄產品,假如農場主人沒有嚴格堅守食品衛生法規(不得不承認,這是很有可能的),帶有病毒的某物種的糞便,將會進入另一個物種的食物或飲水之中。在第二種物種的胃裡,病毒將會找到可以和它交換遺傳物質的近親宿主。

**在適當的環境中,病毒會聚集並交換遺傳物質,
形成不同的病毒株。**

原始病毒　　　　　　豬的胃　　　　　　新的病毒株

這種事情恐怕不是頭一次發生。20世紀初，西班牙流感造成的死亡人數介於5,000萬到1億之間。科學家試圖追溯其根源，他們指出，這種病毒含有來自家禽（例如雞）和野禽（例如鴨）的基因，也有來自馬、驢、騾的基因成分，這可能有助於病毒找上人類，因為在那個時代，人類經常接近這些動物。

等到我們發現，在豬的呼吸道的內壁中，包覆細胞的受體可同時與禽流感病毒及人類流感病毒結合，我們才知道，監管不周的CAFOs可能出了問題。把豬、鳥禽類和人類放在同一個地方，禽流感病毒就有了絕佳機會，可能變成對人類具有傳染性。這種散漫的管理方式造成致命病原體的出現，似乎只是「何時」的問題，不是「會不會」的問題。

倒不是說，CAFOs是類似《全境擴散》疫情暴發的唯一潛在來源。人與動物親密生活在一起的任何地方，都有很大的潛在風險。如前所述，我們已經遇到一名不幸幼童的例子，香港的三歲林姓孩童則是另一個不幸的例子。

林童於1997年5月死於H5N1禽流感。我們不知道他怎麼會受到感染，但是醫生很快就發現可怕的症狀（其中一種症狀是血液凝固），並且宣布，任何出現類似症狀的人，都應該馬上隔離。幸好，H5N1並未發展出容易人傳人的機制（少許基因突變可能就會人傳人，但即使科學家故意要讓基因突變，也並非容易的事）。

到最後，有17人住院，其中5人死於H5N1感染。雖然，香港當局撲殺了島上所有的雞，但這種疾病依然存在，而且很容易致死。想想看：西班牙流感只不過殺死了2％到3％的感染者。H5N1似乎殺死了一半以上的感染者。而且，它正活在至少16個國家的鳥禽類身上。

當你靜下心來思考，這根本不足為奇。在21世紀，病毒可

作者愛哈拉：**萬一我中獎了……**

 如果你感染了《全境擴散》電影裡的病毒，你會怎麼辦？

我會捨己為人，自願去做疫苗白老鼠。

 哦，不愧是你。聽起來很為別人著想，但其實……才不是那樣。

那你會怎麼辦，德蕾莎修女？

 我會叫我的經紀人去推銷電視紀錄片，以第一人稱拍攝，一路跟拍，拍到我進墳墓為止。我承認，我很自戀。

以輕而易舉的在世界各地散播，這是前所未有的。對病毒來說是好消息，但對我們來說卻是很不好的消息。

《全境擴散》的故事，有一大半是以「潛在的威脅正伺機而動」來吊人胃口。鏡頭下感染者剛才觸摸過的表面，是本片中揮之不去的畫面，令人感到極度不安。我們是該感到不安。我們是該害怕這些病媒（fomite，帶有獨立病毒或細菌粒子的物體或表面）。

每回你的手上有病毒，病毒沾染到某個物體（門把或電梯按鈕），那個物體就會變成「病媒」。這個名詞來自於「火種」的拉丁文，因為有一位 16 世紀的義大利醫生發現，這種受汙染的表面可能會點燃傳染病之火。

病媒在現代世界中無所不在，尤其是在一大群人匆忙來去的地方。

2017年，微生物學家馬特維勒（Paul Matewele）在倫敦公共交通系統的80個不同地方採集樣本。他發現，座椅、欄杆、牆壁和門上都有一大堆細菌。倫敦地鐵有95種不同類型的細菌。計程車有40種左右的細菌，公共汽車有37種。其中一些菌種屬於所謂的「耐抗生素」類型。這似乎值得注意一下。

「摸臉」很要命

在電影裡，米爾絲（Erin Mears）博士向公車上的倒楣鬼提出忠告，我們可以再多補充一下。是的，不要跟任何人交談！不要碰任何人！而且，不要碰任何東西！你會不斷的產生致命的病媒。

長知識　請隨時蓋上馬桶蓋

這是飛機上眾所皆知的問題：大力沖馬桶，很容易使霧化的汙水噴濺到飛機廁所小隔間的空氣中。但這不只是飛機馬桶的問題。醫學文獻提到，有一個人使329人感染了SARS，原因是排水設施出了問題。

2003年3月，香港淘大花園社區的水管故障，沖馬桶時造成排水系統汙水回流。有些馬桶水形成氣溶膠噴霧，汙染了空氣。由於強力抽風機將霧化的水氣（以及其中攜帶的病毒）抽進浴室裡，使問題變得更加嚴重。

在某些傳染病的散播過程中，病媒扮演重要角色。舉例來說，伊波拉病毒不會經由打噴嚏或咳嗽傳染。它的傳染是經由接觸受汙染的身體、糞便、嘔吐物、屍體、地板、牆壁、水桶、衣服……罹病者身體的液化部分會導致病毒滲染到任何東西。

其他的病毒，有很多也會製造病媒。研究人員檢驗人類出入的場所時發現，日托中心和家庭住宅的毛巾上有流感病毒；手機、門把、馬桶把手和電腦滑鼠上有冠狀病毒；醫院和郵輪的水杯、燈罩、床罩上有諾羅病毒；小兒科病房的冰箱門把上有輪狀病毒；酒吧的釉瓷磚表面上有肝炎病毒；咖啡店的玻璃杯上有腺病毒。

一百年前，唯有當你身處暴發疫情的地區時，這一切才會是問題。但如今，由於全球運輸網和高流動率的城市人口，傳染病可能會不請自來。真的會這樣。

「就傳播而言，我們創造了人類史上最危險的環境。」這是2015年企業家比爾蓋茲對《Vox》雜誌記者所說的話。他並不是憑空猜測；他一直在利用電腦模式，研究過去的疾病現在會如何傳播。致病力與西班牙流感相當的新型疾病，如今恐怕會迅速蔓延。

由於現代世界的相互關聯性非常高，例如：遍及各地的廉價航班、密集的城市人口、擁擠的通勤列車、辦公室大樓層層相連長之又長的空調管道，換作在今天，西班牙流感病毒恐怕在短短幾個月內就會殺死數百萬人。準確來說，如果蓋茲的電腦模式是可信的，250天內會有3,300萬人死亡。

仔細想想，從第一個感染者（零號病人）到傳染病大流行，這種情境極為合理。想像一下，零號病人接觸到病毒，是因為他與一位廚師握手（比方說），而這位廚師剛才在處理遭到

感染的肉類，洗手洗得不乾淨。結果，零號病人的手沾到了病毒粒子。

有一項針對公共場所人員的研究發現，他們觸摸環境中的物體，平均每小時3.3次。他們觸摸自己的臉，每小時3.6次。在私底下，每小時觸摸臉的次數可能會多很多。在《全境擴散》電影裡認為，你每天會摸臉兩、三千次，感覺有點誇張。不管怎樣：現在讀了這些文字，你就會知道自己常常在摸臉了。

零號病人每觸摸臉部一次，就有一次機會使手上的病毒粒子進入自己的嘴巴。病毒在皮膚上是不夠的；對大多數病毒而言，最重要的是被攝入胃部，或是停留在呼吸道的黏膜裡。這時候，病毒的棒棒糖狀撬棍可能會撬開細胞，侵入細胞的內部。

零號病人的旅程

雖然病毒在零號病人的體內努力工作，病人卻沒有出現任何症狀……還沒有。不過，她（如同大多數健康的成年人）在出現任何症狀的整整一天之前就能傳染給別人。所以，她已經是危險人物。從她開始感到不適，一星期之後可能還是有傳染性。更糟糕的是，如果她是帶原者（身上有病毒潛伏，但從未真正發病），她並不會因此而改變任何行為，於是增加了散播病毒的機會。

結果，她就這樣繼續過她的日子。萬一那天她正好出國旅行，就會有很多人遭殃。

她可能會跟她的愛人親吻道別，不知不覺使他們成為病毒粒子的受體，病毒直接從他們的嘴唇進入嘴巴。然後，她可能會搭公車，將病毒粒子四處塗抹在把手和椅背上，因為公車在早晨交通尖峰時刻穿梭，她必須扶著把手和椅背才能站穩。她

會在機場四處留下病毒，但真正發生21世紀大浩劫的地方，是在飛機上。

每年有30億人搭飛機在世界各地旅行。一架747可能載有500人。舊型飛機的空氣品質系統不太管用。如果是新型飛機，就會配備最新的高效空氣微粒過濾器（HEPA），可過濾98％的病毒。

但是坦白說，如果乘客感染了病毒，並且開始對著身邊的空氣咳嗽或打噴嚏，有再好的過濾器也沒用。坐在1公尺範圍內的乘客，都很有可能被傳染。如果被傳染的是機艙人員，整架飛機上的人都有危險。

事實上，對於相關的確切數字，我們知道的並不多。這方面的研究相對較少，而且不同航空公司和不同飛機對於乘客、空氣流量和客艙清潔的處理程序，都有獨特的方式。我們可以肯定的是，誤點的航班可能格外危險，因為飛機在機場跑道上待命時，空調被關掉了。

1979年，一架載有54人的客機因引擎故障而停留在地面。在3小時的誤點期間，通風系統被關閉了。其中一位乘客本來就得了流感；結果在3天內，有72％的乘客感染相同的病毒株。

當然啦，不只是飛機。公共汽車、火車、候機室、地鐵系統和購物中心，都提供了散播傳染病的有利條件。無論病毒株是經由空氣傳染，還是經由接觸傳染，每天在世界各地旅行的大量人群，正好為人類傳染型病毒製造了絕佳機會。

舉例來說，每天有400多萬人在紐約地鐵的柵口間通行。大約有500萬人搭乘倫敦地鐵。在中國，長達40天的農曆新年期間，民眾搭乘火車和飛機旅行超過4億人次。這些人當中的任何一個（尤其是，如果他們最近接觸過帶病的動物），都有可能成為全球傳染病大流行的零號病人。

　　有沒有聽過傷寒瑪麗？她的本名是瑪麗・馬龍（Mary Mallon），她是愛爾蘭裔美國廚師，20世紀初在紐約市工作。某天她染上傷寒，但是並沒有出現這種疾病的症狀。即便如此，她還是不斷的傳染給別人，這些人都吃過她煮的東西。

　　研究人員認為，她感染了51人。即使其中只有3人死亡，她還是被強制隔離。瑪麗遭到隔離長達3年，解除隔離之後，她被告知不許在廚房工作，因為廚房是她傳染傷寒給別人的絕佳場所。由於賺不到足夠的收入，瑪麗改了自己的名字，重操舊業回去當廚師。她又傳染傷寒給數十人，後來再度遭到逮捕，結果被判處終身隔離。

　　現在，我們稱瑪麗是疾病的「超級散播者」。疾病研究人員從很多的傳染病疫情中發現，絕大部分的散播是由一小群人造成的。有很多超級散播者的例子。

　　1989年，芬蘭暴發麻疹疫情，有一個人傳染了22人。2002年，中國暴發SARS期間，有一名男子傳染了33人，另一名男子則在香港暴發SARS期間傳染了138人。1995年，剛果民主共和國暴發伊波拉疫情，有50多人從2人身上感染了伊波拉病毒。

　　超級散播者很難發現，但他們往往與很多人密切接觸，直到他們出現愈來愈嚴重的症狀（如果他們不只是帶原者，而且沒有出現過症狀），才會去看醫生。假如你知道有人像這個樣子，而且你們社區正在暴發疫情，請保持距離！

作者愛哈拉：**明尼蘇達州**

 對明尼蘇達州來說，這部電影不是好廣告，對不對？

 確實不是，不過，電影根本不是在那裡拍的。不像《冰風暴》、《紫雨》，還有我最喜歡的《歡喜老冤家》（*Grumpy Old Men*）。

 我得承認，我沒想到《歡喜老冤家》會在這本書裡被點名。

 你知道嗎？華爾特馬修（Walter Matthau）一拍完這部電影，就得了雙側肺炎住院了。

 我不知道，但我倒是知道，明尼蘇達州培養出許多好萊塢人才：茱蒂嘉蘭（Judy Garland）、喬許哈奈特（Josh Hartnett）、《美國派》系列中的角色斯蒂夫勒（Stifler）……

 ……還有寫《歡喜老冤家》劇本的那個電影系學生。

 我一直都以為，你在「Mastermind」節目中的專家話題是量子物理學。我真是大錯特錯。

《全境擴散》電影裡最令人不寒而慄的臺詞之一，出自於某位研究人員評估葛妮絲派特洛（Gwyneth Paltrow）角色的遭遇。一旦感染了這種病毒，「她的身體不知道該如何對付它」。

　　不幸的是，那並不是好萊塢式的誇大之詞。那正是當新的病毒出現時，我們所看到的情況。不知道該怎麼辦的身體，會用盡一切方法來對付新的威脅，在過程中，很可能會自我毀滅。

讓人「自殺」的病毒

　　這種事情很難三言兩語說清楚。有時候，病毒其實是讓你自殺。它們並不是故意的。問題是，它們啟動身體的防禦系統，力道太猛烈，結果一發不可收拾。到最後，防禦系統會破壞一切，包括健康的細胞。這就是為什麼，西班牙流感反而對年輕力壯的人特別致命。這些人的免疫系統非常強大，以至於當免疫系統挺身對抗流感病毒時，直到人本身死亡，免疫反應才會停止。

　　面對外來的入侵者，受感染的細胞所做的第一件事是分泌干擾素（interferon）。這是一種防止新蛋白質形成的物質。理論上，這代表即使病毒可以控制細胞機制，也無法自我複製。但實際上，多種病毒已經演化出反擊之道，掩蓋它們已經接管細胞的事實。以1918年流感病毒為例，干擾素幾乎毫無用武之地。

　　好，所以病毒開始自我複製。現在，身體知道自己出了問題，於是免疫系統部署它的第二道防線：免疫細胞。這些細胞釋放出一種分子，稱為細胞素（cytokine），這些分子拉響警報，召喚更多血液（這樣就有更多的免疫細胞）前往感染部位。當它們遇到被感染的受損細胞時，免疫細胞就會摧毀它。

　　對1918年流感來說，這種行為成了問題。病毒感染了許

在《全境擴散》電影裡，珍妮佛艾爾（Jennifer Ehle）飾演的角色給自己打了未經測試的疫苗，然後讓自己接觸病毒。她很幸運這個疫苗有效，這是很勇敢的舉動。

她說，她之所以這麼做，是受到微生物學家馬歇爾（Barry Marshall）的啟發。此人為了證明細菌導致胃潰瘍，竟然喝下一杯細菌。結果，馬歇爾病得很嚴重。但他的實驗證明，當時普遍的認知是錯的，當時人們認為，胃潰瘍是生活方式的問題引起的，例如壓力、吸煙、飲食不當等等。他的研究為他贏得了諾貝爾獎；當然啦，也在好萊塢影史上為他贏得了一席之地。

多肺細胞，足以使細胞素反應產生發炎的一般症狀，如紅腫、腫脹、發熱及疼痛，但是這些症狀又惡化到了危險的地步。基本上，免疫細胞對於受感染細胞的攻擊，造成感染者的肺部液化。這種過度反應在醫學界稱為細胞激素風暴（cytokine storm）。

至於那些不會使身體自我攻擊的感染呢？它們可能還是相當危險，如同我們剛才看到的伊波拉病毒。伊波拉病毒的主要招數是讓身體不斷「滲漏」。最簡單的方式就是藉著液體滲出。

這就是為什麼，伊波拉病毒演化出引起嘔吐、腹瀉的能力，甚至會使器官液化。它會阻礙凝血機制，因此每次組織破損，就會導致出血不止，而且眼睛和口腔內部等黏膜會滲血，直到你死亡或康復為止。由於每位感染者都會產生大量充滿病毒的滲液，如果你在附近的話，很難避免被傳染。因此，為了

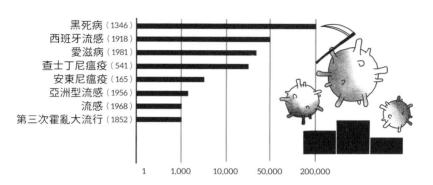

史上最強大的傳染病殺手

黑死病（1346）				
西班牙流感（1918）				
愛滋病（1981）				
查士丁尼瘟疫（541）				
安東尼瘟疫（165）				
亞洲型流感（1956）				
流感（1968）				
第三次霍亂大流行（1852）				

1　　1,000　　10,000　　50,000　　200,000

最壞情況下的估計死亡人數（千人）
（以對數尺度表示，因為相較於黑死病，所有的傳染病都相形失色）

應付西非的伊波拉疫情，醫護人員都必須穿上防護服，看起來很嚇人。

雖然我們的重點在於病毒，但它們並不是唯一的微觀世界殺手，這點值得再次重申。細菌也可能非常致命，黑死病就是明證。在中世紀的歐洲，60％的人口死於鼠疫耶氏桿菌（*Yersinia Pestis*）的恐怖手法，這種細菌就是導致黑死病（也稱為鼠疫）的元凶。

一旦進入體內，細菌會利用改變其外膜的化學結構來應付高溫。這種變化使宿主的免疫系統搞不清楚狀況，認不出細菌是敵人。現在，細菌可能會一路游向淋巴結，在那裡複製、增殖，直到免疫系統不得不注意到事態嚴重。

確實很嚴重：最後，你的血液充滿細菌，游向肺部。免疫系統過度反應，破壞細胞，到最後破壞器官。如果運氣不好，抗生素沒效（或無法取得），你會受到「敗血性休克」的影響而

一命嗚呼。

黑死病不只是歷史上的疾病。在美國，每年都有少數人感染鼠疫。他們通常生活在中西部的農村，那裡常見草原土撥鼠和松鼠等齧齒動物與人類一起生活。這些動物可能帶有引起鼠疫的細菌，但牠們沒有出現任何症狀。當壁蝨叮咬齧齒動物，然後跳到附近的人類身上吸食第二頓血液大餐時，這個倒楣的人可能會染上鼠疫。令人驚訝的是，每隔幾年就會有美國人死於黑死病。

好了，回過頭來談病毒。我們簡單提一下狂犬病吧！這種

作者愛哈拉：**是溫拿還是魯蛇？**

好，《全境擴散》電影裡最喜歡的角色。開始。

嗯，不是麥特戴蒙飾演的角色。那傢伙是個輸家。

什麼？他對病毒具有天然免疫力：他是人生贏家之一耶。

是啦，可是你有沒有看到他穿什麼？那件前面有口袋的防水夾克，我的天哪，那件夾克。

真的假的？穿什麼衣服會影響你對角色的看法？

你知道我常說的：一件外套勝過千言萬語。

病毒不僅會接管你的身體，還會接管你的心智。

有些病毒會激發某些行為，以便幫助它們散播，例如打噴嚏和咳嗽。但是狂犬病毒更過分。它一開始就讓你無法吞嚥。由於狂犬病毒必須藉由唾液才能傳染給新的宿主，所以它不希望你將新形成的病毒粒子放進胃裡。更嚴重的是，它甚至會讓你咬人，這樣你就會積極的傳染給別人。

它具有驚人的侵略性：當我們打噴嚏時，我們或許無法控制，但我們（通常）會盡量不對著別人的臉打噴嚏。狂犬病毒使人不再有禮貌 —— 事實上，它會使人變得非常不禮貌。一旦被傳染，我們會變得判若兩人：變成完全被病毒控制的喪屍。沒錯，這很嚇人。但是，從另一個層面來說，狂犬病毒的傑作，很令人印象深刻。

在《全境擴散》電影裡，我們看到萬人塚、商店遭人洗劫一空，還有街頭暴動。現實生活中的病毒大流行，可能沒什麼兩樣。我們最好想個辦法來擺脫這場噩夢。

第一道防線是隔離。沒有新的宿主，傳染病便無法進展下去。這就是為什麼，出現流行病的首要對策之一，就是隔離已經被感染的人。將他們單獨安置在房間裡，或是至少在他們與另一位潛在宿主之間建立屏障。這麼一來，原始宿主體內的感染過程結束後，終究會無以為繼。

但願宿主能夠活下來，萬一宿主不幸喪生，至少病毒或細菌也難逃死罪。如果找不到活體宿主，流感病毒活不過一天左右；普通感冒病毒在人體外可以存活一星期。細菌過了幾個星期，可能還活得好好的，例如引起MRSA感染的金黃色葡萄球菌，但隔離絕對不在傳染性生物體的策略中。這就是為什麼，擔心西班牙流感的醫生勸諫政治人物，希望他們取消慶祝第一次世界大戰結束的集會。不幸的是，這些勸諫成了耳邊風：

1918年10月12日，威爾遜總統率領2萬5,000名紐約人，在盟軍大道上集會。在隨後的一星期之內，有2,100名紐約人死於西班牙流感。

西班牙流感，以及發生在現代醫學年代之前的其他全球傳染病重大事件，唯有當活體宿主來源枯竭時，才得以平息。但是，西班牙流感並沒有殺死所有受到感染的人。那些倖存者的身上留有免疫力，只要病毒株一出現在他們的地盤，他們身體的天然防禦系統就會立刻認出來，並且擊退那種病毒株。

天生贏家真的存在

更有意思的，是那些具有「天然免疫力」的人。在《全境擴散》電影裡，麥特戴蒙飾演的角色，對肆虐全美國的病毒免疫。那並不是好萊塢的便利手法。在過去發生的傳染病事件中，總是有些人不會生病，因為他們的免疫系統碰巧天生就有辦法認出並且克服傳染病。

事實上，在《全境擴散》電影裡，病毒對大多數的人來說並不會致命。好萊塢克制了「炒作恐懼因素」的誘惑，決定只殺死四分之一的感染者，遠少於感染H5N1禽流感而死的人。

我們可以自我準備，在某種程度上，顯著減少易受病毒感染的人口比例。這個過程稱為疫苗接種（打預防針），如果你和你的父母很明智的話，疫苗接種早已成為你免疫系統生平事蹟的一部分。

疫苗接種是利用失能的病毒粒子來訓練免疫系統。「失能」的意思是，它們沒有能力使我們生病，但免疫系統不知道這件事。當它們被注入我們的身體組織時，免疫系統看到粒子，認出它們是外來者，於是形成「抗原」（antigen）：一種細胞，可

還有這些電影

　　好萊塢拍攝與傳染病有關的電影不只一次。《危機總動員》不像《全境擴散》那麼注重科學，但故事拍得很實在，描寫科學家為了打敗傳染病，努力克服重重難關。在憂國憂民的達斯汀霍夫曼（Dustin Hoffman）帶領下（「我不要跟不害怕的人一起做事」），研究團隊必須對抗某位軍事要人，他想要用病毒當作生物武器。觀看這部電影，你很快就會學到實驗室生物安全的知識，並且充分瞭解，在一心想要治好你的疾病的科學家周遭，身為猴子的風險。

　　《二十八天毀滅倒數》電影裡的科學家不太上道。首先，他們創造病毒，使猴子變得狂暴凶殘。接著，他們沒有實施安全管理措施，有的話就會防止動物解放活動人士將猴子放走。結果造成殭屍人傳染病（暴發局部疫情，這個例子局限在英國），出現結合狂犬病和伊波拉的症狀。這可不妙。

　　《病毒入侵》的科學成分不多，但開場白倒是引述了諾貝爾獎得主生物學家雷德伯格（Joshua Lederberg）的名言：「人類持續統治地球的最大威脅就是病毒。」之後呢，根本只是殭屍電影而已，劇中人物經歷不同的感染階段，直到他們變成「5級」（典型的喪心病狂殺人殭屍）為止。

以鎖定（並摧毀）具有這種特定形狀的東西。也就是說，當真正的病毒出現時，你已經有所準備，病毒便沒有機會得逞。

疫苗的挑戰

製造疫苗並非易事。正如我們之前看到的，病毒會突變，去年的流感疫苗，可能沒辦法讓你的免疫系統準備好應付今年的流感病毒株。這就是為什麼，醫生診所每年都會分配到新的流感疫苗。這也是為什麼，我們還沒有對抗HIV的疫苗。

但是有些病毒的突變率很低，例如引起麻疹的病毒，所以我們很小的時候打預防針便可得到保護。也因為這樣，當前的麻疹疫情暴發才會這麼嚴重*。2018年，歐洲有四萬多例麻疹感染，死亡人數比過去幾年來還要多。這些都是疫苗接種可以避免的。

MMR（麻疹、腮腺炎、德國麻疹）三合一疫苗非常有效，可避免99.7％的人感染麻疹。更厲害的是新型伊波拉疫苗，在試驗中顯示100％有效。然而，到目前為止，它只對某種病毒株有效。我們不可能備妥疫苗，專門用來預防某種流感病毒株，因為病毒株還在堪薩斯州某不肖業者飼養豬隻的胃裡不斷演化。

儘管如此，至少我們可以未雨綢繆，將製造疫苗的設施準備好。在《全境擴散》電影裡，大量生產疫苗的前置工作，是一段艱辛漫長的過程 —— 這完全符合現實狀況。

首先，有人必須找出引發這種傳染病的病毒株，並且檢驗使病毒株失能、注入人體是否安全。但即使完成了這些步驟，

---

* 近年來，歐美有許多人對疫苗抱持懷疑，因此拒絕接種疫苗。

免疫系統的反應程度也要最佳化。這就是為什麼，疫苗中除了失能（或死亡）的病毒之外，還包含各種不同的成分。這些成分稱為「佐劑」（adjuvants），用來當作免疫反應的催化劑。唯有確定這些成分的最佳配方，才能測試疫苗的真正功效。等到這些事情都做完了，我們才能開始製造疫苗。

著名的流行傳染病專家奎克（Jonathan Quick）研究發現：一旦某種致命病毒開始造成危害，可能需要一整年的時間，才能研發及發放新的疫苗。好消息是，科學家已經努力著手建立大規模的系統，從發現新型殺手病毒，到研發、測試、生產疫苗，所需要的時間將會大幅縮短。

儘管如此，已經用了80年的流感疫苗試錯研究，我們還沒有辦法取代用雞蛋來培養流感疫苗。奎克建議，我們應該開始利用現有的最新基因技術來研發疫苗，攻擊病毒撬棍不變的「把手」部位，這樣就能同時應付季節性流感及潛在的流行性流感。他也建議，我們的醫學研究人員應該加強全球監測，有助於及早發現潛在的傳染病大流行。

還有你。你能做什麼呢？不要再摸自己的臉了。

小行星來襲

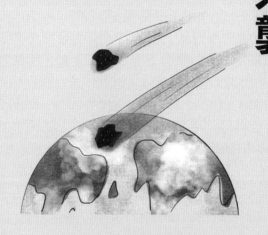

「美國政府要求我們拯救世界。有誰想要說『不』嗎？」
——《世界末日》（*Armageddon*，1998）

電影《世界末日》，講的是一幫深海鑽井工人被NASA找來拯救人類的故事。

有一顆巨大的小行星朝著地球飛來，眼看就要撞上地球。美國軍方認為，用核武器炸掉小行星是唯一的選擇。不幸的是，就算將100枚核彈綑綁在小行星的表面，也顯然無法造成足夠的破壞。正如劇中角色之一所言，這就像是試圖用BB槍來阻擋貨運列車。因此，有人必須鑽洞深入小行星的內部，將裝置扔進洞裡，然後啟動引爆裝置。想也知道，那個人就是布魯斯威利（Bruce Willis）。

我們需不需要補充一句：這不是真實故事？大概不需要。但故事背後的科學，是NASA不得不去探索的，因為前提完全符合現實。終結文明的小行星，可能隨時會從太空深處冒出來。到時候我們該怎麼辦？我們還不確定，而電影《世界末日》倒是似乎提供了一些答案。

你知道的話，可能會嚇一跳，電影《世界末日》的核心概念並不完全是虛構，用一句臺詞來總結：「總統先生，它和德州一樣大！」地球每天都會遭受一百多噸的太空岩石轟炸。當然，並非所有的小行星都像德州那麼大。其中大部分都相當小，有的直徑只有幾十公分而已。然而，它們都有一個共同點：它們是太陽系形成時產生的碎片。

科學家對於太陽系的確切歷史莫衷一是，但普遍的共識是，太陽系在大約四十六億年前開始成形。在新生的太陽附近，重力和太陽風使一團不斷旋轉的塵埃及氣體形成球狀物體，我們現在稱之為行星。其中有些大致上是氣體組成的，中心為固態的岩核，例如木星和土星。其餘的則是外部為固態、中心為液態（很像老奶奶喜歡吃的那種巧克力），例如地球和金星。

作者愛哈拉：**爛電影？**

 大家覺得這是一部爛電影，這讓我很難過。導演麥可貝（Michael Bay）說，這是他最爛的一部。比利鮑伯松頓（Billy Bob Thornton）和史蒂夫布希密（Steve Buscemi）都說，他們是為了錢才演的。班艾佛列克（Ben Affleck）甚至在DVD的注解旁白中嘲笑它。

 你知道還有誰覺得這部電影很爛嗎？NASA。他們放電影給所有的實習經理看。

 為什麼？這樣他們就會更像比利鮑伯松頓嗎？

 不是啦，是要看看，在168個與事實不符的錯誤當中，他們可以發現幾個。

 哇哩咧。

　　顯然，並非所有的東西都形成了如此簡潔、令人滿意的圓形天體。有些塵埃和碎石聚合在一起，並沒有形成球體。有些則是大型太空岩石碰撞過程中轟出來的碎片，那些太空岩石後來會形成行星。這種碰撞所產生的熱量無法持續，熔融的物質凝固成塊狀，在太空中流浪，直到陷入圓形或橢圓形的軌道。這些醜醜的東西就是小行星。

　　小行星多不勝數：我們的太陽系就包含了數十億顆小行星。大致上來說，它們位於「小行星帶」，即火星與木星軌道之

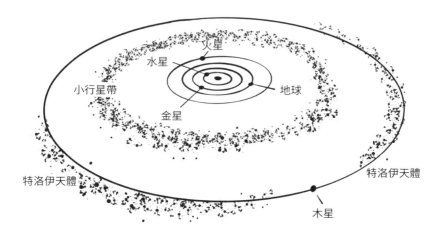

小行星大都來自我們太陽系中的兩大軌道。

間的空空地帶。不過，小行星們偶爾會因為重力牽引而改變方向。就是在這個時候，它們會離開小行星帶，一路所向披靡穿越太陽系。

想知道這樣會有什麼影響，下回月亮出現時，抬頭看看月亮吧。你看得到的那些隕石坑（有成千上萬個），全是橫衝直撞的太陽系碎片撞擊月球所造成的。其中最大的隕石坑，直徑超過1,000公里，因此，坑坑洞洞的月球表面提供了很好的理由，讓我們好好思考小行星撞擊地球。

或許這時候該承認，我們可能有點誤導你了。是的，地球每天受到100噸的太空岩石襲擊，但真正擊中地球表面的，並不是全部。在下降穿越大氣層的過程中，只有直徑大於100公尺的岩石得以倖存，其他的都被摩擦力燃燒殆盡。

但還是剩下很多潛在的危險物質：我們知道太陽系中有幾百公里寬的岩石。它們繞著太陽公轉，並且繞著本身的自轉軸

翻滾，受到太陽系其他居民的引力作用。如果引力的變化使它們脫離軌道，它們最後很可能會撞向我們的地球。

小行星的逃逸

小行星如何逃脫小行星帶對它們的束縛，向來是許多研究的主題。問題是，事實上很難有肯定的答案。過去在牛頓的時代，科學家信奉「機械宇宙」，一切都是可預測的。不過，現在我們對混沌有了認識 —— 混沌改變了一切。

混沌理論有點像那首兒童念謠：國王失去他的王國，只因為少了釘馬蹄的釘子。意思是，假如一開始的情況有了些微的變化，產生的結果可能會有極大的不同。在宇宙中，那可能是行星軌道發生微小的變化，或是來自兩個行星的引力作用，突然以完全相同的方向牽引小行星。那樣可能足以拉動小行星，使它離開小行星帶的安定、平衡、週期性軌道，飛馳進入行星際太空。

不過，對於小行星來說，重力並不是唯一的作用力。1900年，波蘭工程師雅可夫斯基（Ivan Yarkovsky）研究發現，如果飄浮在太空的小行星受到太陽加熱幾個小時，等到小行星的「白天」結束、不再受熱之後，小行星又會釋出那些熱輻射。

整體來說，釋出的輻射離開表面的方向，與入射輻射的方向略有不同。由於輻射對表面（無論是進來還是出去）施加微小的壓力，意味著小行星會感受到一股小小的推力，力的方向則取決於它的方位和旋轉。因此，任何人想要搞清楚小行星會不會構成危險，必須同時考慮到這一點，這就是所謂的「雅可夫斯基效應」（Yarkovsky effect）。

前提是，他們一開始就發現了那顆小行星。

我們對小行星不夠感恩。在希克蘇魯伯隕石（Chicxulub inpactor）擊中墨西哥猶加敦（Yucatán）半島之前，我們的哺乳動物祖先只能在黑暗中生活。

那是因為在白天，恐龍很活躍。牠們是冷血爬行動物，除非太陽讓牠們全身溫暖起來，否則牠們無法正常活動，但是一旦牠們曬暖了、變得活躍起來，牠們敏銳的視力、鋒利的爪子，以及更鋒利的牙齒，都對眼前的一切構成危險。這意味著，和牠們一起住在地球上的生物，不得不俯首稱臣，演化出適合在黑暗中生活的生理特徵。

思考一下哺乳動物。其中很多都有鬍鬚、發達的嗅覺，以及敏銳的夜視能力。換句話說，牠們配備了夜班裝備。很多哺乳動物在晚上也比在白天時更活躍。這一切，是不是「恐龍統治白天」的證據？

2017年一項研究為我們提供了答案的線索。他們追溯哺乳動物何時開始在白天活動，證據來自2,415種現存哺乳動物的基因分析。研究人員發現，喜愛陽光的哺乳動物開始出現，大約是在希克蘇魯伯撞擊事件的20萬年之後。以演化論的觀點來看，這幾乎沒花什麼時間。

更有趣的是，最早出現在陽光下的哺乳動物，正是現代靈長類動物的祖先。這或許可以解釋，為什麼和其他大多數的哺乳動物相比，我們都具有相對較好的色覺，以及較差的嗅覺和聽覺。

作者愛哈拉：**你最像誰？**

在布魯斯威利的團隊中，你最像誰？

要我說的話，班艾佛列克。帥氣、訓練有素、勇敢，有一點特立獨行。你覺得呢？

其實我覺得，你比較像那部電影裡的色狼（Rockhound）。

因為，雖然他陰沉，有點低級，但他總是對的嗎？

三個說中了兩個，還行。

2028彗星撞地球？

或許你不記得1998年3月11日。你應該感到高興。當時發生了幾件驚人的事情，比方說，席琳迪翁的〈我心永恆〉（My Heart Will Go On）在英國排行榜上名列第一。但是最驚人的，莫過於天文學家宣布，他們發現一顆小行星正沿著碰撞地球的路徑而來。

這顆小行星稱為1997 XF11，估計寬度達800公尺至1.4公里。假如天文學家計算的軌跡正確，它預計將在2028年撞擊地球，使地球徹底完蛋。全球報紙紛紛報導這事情，包括《紐約時報》的頭版。

不必驚慌：2028年的撞擊實際上不會發生。公告來自麻薩諸塞州劍橋市的「小行星中心」（Minor Planet Center），但目的

只是為了初步呼籲其他天文學家檢查他們的數據。

進一步的分析發現，1997 XF11不會出現在地球附近的任何地方（在本書送印時，是這樣沒錯。如果你閱讀這本書是在2029年，經過撞擊引發的大災難之後，我們只能為造成的混淆感到抱歉；繪製小行星軌跡是一門不太精確的科學）。

不過，該公告引起的騷動，帶來了某些好處：在思考「小行星的預警」方面，它造成了重大的改變。1998年夏天，NASA成立了一項研究方案，稱為「近地天體觀測計畫」（Near-Earth Object Observations Program）。

一開始「近地天體觀測計畫」的目標很簡單。穿越地球軌道的小行星和彗星有成千上萬顆，在十年之內，找出其中的至少90％。要特別注意直徑超過1公里的岩石。後來的目標有點改變：目前NASA負責在2020年之前，找到90％的直徑大於140公尺的天體。

這項研究方案也有了新的名稱，現在稱為「近地天體研究中心」（Center for Near-Earth Object Studies，CNEOS），與NASA的「行星防禦協調辦公室」（Planetary Defense Coordination Office，PDCO）共同運作。

細節其實不重要，因為我們已經知道，這項研究方案將無法達到目標。部分是因為沒有龐大的預算，這部分和電影演的一樣。

在《世界末日》電影裡，總統問道，像德州那麼大的太空岩石，為什麼沒有及早發現。NASA領導人楚門（Truman）告訴總統，「天體碰撞預算」大約是每年100萬美元，這點錢只夠他們追蹤大約3％的天空。到了2002年，NASA的類似部門每年有400萬美元的預算。目前的預算高達1億5,000萬美元，但他們還是無法達成目標（有點諷刺）。NASA表示，2020年之前，相關的小行星定位只能完成三分之一。

二十幾年之後，我們知道，大約有1萬8,000顆小行星具有潛在危險性。這多半歸功於世界各地的望遠鏡網絡。天文學家利用它們尋找移動數天、數星期、數年或更長時間的光點。這些光點正是小行星和彗星，它們的出現頻率約為每星期40顆。

長知識　小行星採礦

在小行星上放置核彈所需要的專業知識，或許可以從某些太空任務中取得，這些太空任務是為了開採太空岩石中的貴重礦物。小行星富含多種有需求的金屬，例如金、鉑、鈦、鈷和鎳。為了開採這些金屬，我們需要太空船有能力飛到小行星、降落在上面，並且執行鑽探作業，正如布魯斯威利所完成的任務。

不過，我們可能會用機器人來執行任務，而不是人類（無論他們多麼有魅力）。

概念驗證是在2005年7月，當時NASA的深度撞擊號（Deep Impact）太空船成功發射撞擊器，進入坦普爾一號（Tempel 1）彗星，造成直徑150公尺的隕石坑，並且採集到一些碎石樣本。從那時起，歐洲太空總署利用菲萊號（Philae）登陸器，近距離接觸67P/楚留莫夫－格拉希門克（67P/Churyumov-Gerasimenko）彗星，為我們提供了更多有關太空岩石的資訊。

現在，我們甚至打算將小行星上的物質帶回地球：2018年12月，NASA的歐西里斯號（OSIRIS-REx）太空船與貝努（Bennu）小行星會合，挖出的樣本將於2023年返回地球。日本太空總署的隼鳥二號（Hayabusa 2）成功登陸小行星龍宮（Ryugu）進行岩石調查，隼鳥二號預計於2020年將小行星的樣本送回地球。

一旦發現這些岩石，接下來的任務，就是研究它們的大小和軌跡。你會很高興知道，PDCO 有個專門為這項任務設立的系統，稱為「偵察兵」（Scout），用來計算新發現的小行星的可能軌跡範圍。如果這些計算的結果出現任何警訊，NASA 就會召集天文學家進行更深入的觀察，盡快確認情況。

　　故事的曲折之處在於，我們遺漏了其中的一些太空岩石。當望遠鏡來不及報告它們所看見的情況，等到我們試圖再看一眼時，有些岩石已經從視野中消失了，直到再看到它的時候，當然已經太晚了。當其中約有九分之一的小行星，因為直徑大於 140 公尺而被歸類成「危險」時，這樣的發現令人有點緊張。那些被遺漏的小行星當中，有的寬度達到幾公里。它們可能沒有德州那麼大，但是也不能等閒視之。

　　除此之外，有些天文學家估計，較大的小行星當中，我們可能有 99％ 還沒有看過。因此，很容易得出這樣的結論：目前來說，政府資助的研究計畫根本無法勝任這項工作。這就是為什麼，天文學家和太空狂熱份子等各種團體，紛紛要求我們再加把勁。

人類沒有「料想不到」的藉口

　　他們是一群「明星」（雙關語），包括索恩（Kip Thorne）、已故的霍金（Stephen Hawking）、里斯（Lord Martin Rees）、洛維爾（Jim Lovell）、哈德菲爾指揮官（Commander Chris Hadfield），以及其他一百多位科學家、藝術家、太空人和演藝人員。

　　這群「發光體」（雙關語）說服聯合國宣布 6 月 30 日為「小行星日」。他們的宣言是：人類可以、而且必須做得更好。他們

的口號很棒：「恐龍未曾料到那顆小行星的到來。我們的藉口是什麼？」

這不只是為了好玩，而是宣傳活動的一部分，希望爭取更多資源來搜尋小行星。根據「小行星日」宣言，在我們太陽系中，有一百多萬顆小行星具有摧毀城市的潛力。我們已經發現的小行星，只占其中的1％，因此，為了發現並追蹤這些威脅，研究方案必須加速進行。到了2025年，他們希望每年探測十萬顆小行星。

他們會如願以償嗎？看起來不太可能。用兩具望遠鏡來執行守衛地球任務的提議，遭到NASA決策者的否決。「近地天體監視系統」（Near-Earth Object Camera，NEOCam）的目的，是將系統架設在太空中，用來找尋直徑大於140公尺的岩石。儘管白宮的國家科學技術委員會在2016年12月公布的報告中說，這種規模或更大的近地天體，我們只發現了其中的28％，但NEOCam計畫還是拿不到任何經費。

我們唯一的希望是「大型綜合巡天望遠鏡」（Large Synoptic Survey Telescope），目前正在智利建造中。雖然這套系統要到2021年才會開始運作（老天保佑一切順利），但它終究能夠參與搜尋小行星的行動。

不過，這座望遠鏡看不到從太陽附近朝地球而來的小行星，因為會被陽光擋住。它也看不到那些反射光不夠強的小行星。如果來的是黑暗小行星，對我們所有人來說，都將會是非常黑暗的日子。

故事還沒說完。有個組織稱為B612基金會，由多位支持「小行星日」的人士組成，該組織持續對政府施壓，希望政府更重視小行星的威脅，目前已經看到一些成果。例如，2018年6月，美國政府建議，我們應該開始建立太空任務的設計，目的

作者愛哈拉：《**世界末日**》和《**珍珠港**》**的關聯**

想不想知道一些有趣的關聯？史密斯飛船（Aerosmith）樂團演唱的《世界末日》主題曲〈I Don't Want to Miss a Thing〉，是華倫（Diane Warren）寫的，還入圍了奧斯卡最佳原創歌曲獎。

是以小行星的角度來寫的嗎？

什麼？不是啦，我要說的是，華倫為《空中監獄》和《珍珠港》電影配樂所寫的歌也入圍了。

哦，我懂了：那些電影分別由史蒂夫布希密，和班艾佛列克擔任演出。

沒錯。不只這樣，《珍珠港》主題曲的音樂影片，導演是麥可貝。

哇。是〈生生不息〉（Circle of Life），對不對？

不對，那是《獅子王》電影裡的插曲啦。

是檢驗使小行星偏轉方向的技術。我們大概還不需要一組鑽井工人來拯救地球。或是布魯斯威利。

電影《世界末日》是在警告我們所有人。希斯頓（Charlton Heston）在旁白中告訴我們，「從前發生過，以後還會再發生，

只是時間的問題而已。」

　　他說的沒錯。根據觀察在太陽系遊蕩的岩石數量與軌跡，以及地球和月球上的撞擊坑，專家認為，地球每十萬年會經歷一次嚴重的小行星撞擊，威力相當於100億噸TNT炸藥。那樣會摧毀整個國家。至於造成全球衝擊的頻率，應該是每五十萬年發生一次，例如使恐龍滅絕的希克蘇魯伯隕石。但是，既然希克蘇魯伯事件發生在六千六百萬年前，人類的世界末日似乎已經「逾期」了。

　　這就是為什麼在2016年1月，專家集結成立「探測並減輕近地天體對地球的衝擊」（Detecting and Mitigating the Impact of Earth-Bound Near-Earth Objects，DAMIEN）工作小組的原因之一。這個名稱並非偶然。取名的人顯然知道，電影《天魔》（*The Omen*）中的反派人物意圖毀滅世界。[*]

　　當DAMIEN小組在2018年發表研究報告時，報告中的語氣試圖令人安心。不過，還是帶有一絲威脅。「NASA確信，他們已經發現並分類所有規模大到足以造成重大全球災害的近地小行星，而且確定，它們的路徑不會與地球發生碰撞，」報告中如此說。

　　然後，還有個「但是」：「來自外太陽系的大型彗星，還是有可能出現並撞擊地球，預警時間最短可能只有幾個月。」

　　那就大禍臨頭了。《世界末日》電影裡有一項警訊，萬一岩石擊中地球，「一半的人口將會在熱焰中化為灰燼；另一半則是在核冬天凍結成冰。」（詳見〈第10種末日〉）。但不只是我們。正如比利鮑伯松頓飾演的NASA領導人所言，即將到來的小

---

[*] 「天魔」的主角是撒旦之子，名字正是Damien。

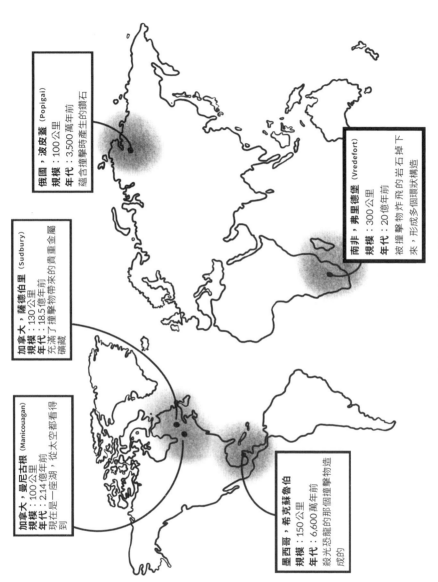

地球上最大的小行星撞擊

俄國，波皮蓋 (Popigai)
規模：100公里
年代：3,500萬年前
蘊含撞擊時產生的鑽石

加拿大，薩德伯里 (Sudbury)
規模：130公里
年代：18.5億年前
充滿了撞擊物帶來的貴重金屬礦藏

加拿大，曼尼古根 (Manicouagan)
規模：100公里
年代：2.14億年前
現在是一座湖，從太空都看得到

南非，弗里德堡 (Vredefort)
規模：300公里
年代：20億年前
被撞擊物炸飛的岩石掉下來，形成多個環狀構造

墨西哥，希克蘇魯伯
規模：150公里
年代：6,600萬年前
殺光恐龍的那個撞擊物造成的

行星是所謂的「全球殺手」。「它擊中何處並不重要,」他說:「什麼也活不了,連細菌也活不了。」

真正的凶手

不過,很有可能,我們不會被全球殺手擊中。畢竟,連六千六百萬年前殺光恐龍的那塊岩石,也沒能消滅地球上的所有生命。當時的罪魁禍首是10到15公里寬的岩石,形成的隕石坑有150公里寬。它落在墨西哥灣附近,在當地引起巨大的海嘯。它對地殼的擾動造成多次地震事件(分別引起各自的海嘯),遠至阿根廷都為之震動。然而,因為小行星轟炸出來的碎片,才使它成為真正的全球事件。

在地表深處,有一層岩石具有奇特的性質。這是一種全球性的現象,地質學家在各地都看得到。這些「小球粒」是被希克蘇魯伯撞擊物轟入大氣層的熔融岩石碎片的遺跡。一旦這些碎片到達64公里的高空(大約在初始撞擊40分鐘之後),它們稍微冷卻下來,形成圓圓的鵝卵石。但它們還是很燙,下降穿越大氣層的摩擦力使它們變得更燙。等到它們接近地球表面,它們不斷的加熱空氣,達到無法承受的高溫。當它們擊中地面時,還是非常燙,以至於引燃一發不可收拾的野火。

不過,被轟上天空的東西,並不是樣樣都那麼快就掉回地球。另一種地質現象,正是全球性的煙灰層,這種現象告訴我們,在幾個小時內,一層厚厚的煙塵籠罩了當時的地球。煙塵持續的時間長達一年多,擋住了陽光,使地球陷入一片寒冬。

頭一天很慘。頭一年,可以說更慘。植物在弱光下無法生長,食草動物紛紛餓死,最終剝奪了其他物種的生存能力。海洋食物鏈底層的浮游生物也因為缺乏光照而餓死,海洋物種紛

紛死亡，有如骨牌效應。四分之三的動物消失了。物種只有極少數的成員撐過了頭一年，牠們會存活下去，但種群數量急遽減少。那是一場全球規模的演化重整。

但這也不全然是壞事。我們人類的存在，事實上要歸功於希克蘇魯伯撞擊物。它帶動了一連串事件，演變成「哺乳動物稱霸地球」的終極結果。後來，猿類有一種近乎無毛的近親崛起，發展技術使地球改頭換面，並且成為地位幾乎不可動搖的優勢物種。

幾乎啦。但是沒有自滿的餘地，我們心知肚明，因為最近發生了幾次重大的小行星撞擊。

近年的小行星撞擊

2013年2月15日星期五，有一顆小行星穿透地球的大氣層，在俄國的車里雅賓斯克（Chelyabinsk）上空爆炸。它的直徑只有17公尺，但重量高達約1萬2,000噸。它爆炸時正以6萬4,000公里的時速飛行，可能由於岩石內部的強烈加熱作用，其威力相當於45萬噸TNT炸藥。爆炸的衝擊波破壞了當地的建築物，人們也因為飛濺的玻璃和碎片而受傷。

還有1908年6月30日的通古斯加（Tunguska）事件。簡直是奇蹟，當小行星以相當於1,000枚廣島核彈的威力，在西伯利亞東部的通古斯加上空爆炸時，竟然沒人受傷，那是因為地處偏遠且人煙稀少；爆炸轟倒了8,000萬棵樹木。如果那顆小行星是在城市的上空爆炸，那就完全是另一回事了。

通古斯加事件帶來的教訓是，到目前為止，人類真的非常非常幸運。若要達到世界末日的境地，需要的小行星會比撞擊通古斯加或車里雅賓斯克的還要大。但也不一定要像希克蘇魯

伯撞擊物那麼大。它只要命中不該命中的地方就行了。

　　城市地區占了地球表面的3%，且而還在不斷的增加。隨著城市化的範圍擴大，新的城市時時刻刻都在興建中，小行星撞擊愈來愈有可能產生重大的影響。

　　其實，這只不過是數字遊戲。直徑100公尺的小行星會引起4公里寬的火球，但遠在40公里以外的人會遭受嚴重的皮膚灼傷。整個城市的建築物會慘遭衝擊波夷為平地。萬一撞上的是紐約，這麼大的小行星恐怕會殺死大約250萬人。

　　如果想要殺死1,000萬人，那就讓直徑500公尺的小行星撞上芝加哥。它會使方圓250公里的建築物夷為平地。假如同一顆小行星撞上東京，死亡人數恐怕會達到3,000萬人。

作者愛哈拉：**和老婆共度世界末日**

 好了，你發現全球殺手還有十八天就會撞上地球。你會告訴任何人嗎？

那還用說，我會告訴我老婆。

 為什麼？這樣有什麼好處？

我希望確保我們一起度過最後的時光。萬一世界快要完蛋了，難道你不會告訴你老婆嗎？

 我不會。我不認為她會想知道。那只會讓她心煩。

你以前說過這種話，對吧？

小行星撞上華盛頓、上海，或倫敦的話，後果並不難想像。社會、經濟和政治都會出現混亂。就算破壞是局部的，由於貿易與交通中斷，恐慌也會是全球性的。這不太妙，對不對？萬一我們發現小行星即將到來、卻只有短短幾個月的預警時間（DAMIEN說有可能），到時候我們該怎麼辦？

送油漆工上太空？

好玩的來了。在《世界末日》電影裡布魯斯威利和他的一幫兄弟可以利用他們的鑽探技術來拯救人類。在現實生活中，這種情況不太可能發生。但是，和小行星一樣，這種事也不是「完全」不可能啦。

為了使小行星殺手偏轉方向，NASA工程師想出了好幾種不同的方案。我們來有系統的一一介紹，從最愚蠢的到最不愚蠢的（不幸的是，其中沒有一個感覺像是明智的方案）。

第一種方案：我們可以給它塗顏色。是的，你沒聽錯。想法是：在小行星的某一側塗上亮白乳膠漆，這樣它會更容易反射陽光。反射，事實上是光子的放射。每個光子放射都會產生微小的後座力，因為每個作用力都有大小相等、方向相反的反作用力，加起來會產生很大的力，小行星就會偏離原來的方向。

老實說，這是理論學家的解決方案。畢竟，組成油漆工、裝潢工部隊，派他們上太空，全副武裝配備滾輪刷和乳膠漆，然後讓他們降落在飛奔地球而來的龐大岩石上，等他們完成任務，再把他們帶走（應該會吧），這樣到底有什麼實用性？當然啦，如果真的不得不這麼做，你八成會請油漆工機器人代勞。但是，這樣還是感覺很不切實際、荒唐至極。再說，萬一小行星翻個身，塗漆那一側的反射光反而將小行星送回地球，那該

怎麼辦？

那就繼續看下一種方案吧（既然我們已經要求油漆工和裝潢工下臺，事情變得有點迫在眉睫了）！

下一種方案，是用亮亮的銀箔將小行星整個包起來。這樣基本上可以達到與油漆同樣的功能，但是又多了一種「剛跑完馬拉松」的成就感。

或者，我們可以派遣一組「微型機器人太空探測器」艦隊去小行星，每個探測器上都帶有凹面鏡。它們會自我調整隊形，使鏡子將陽光聚焦在小行星表面的某些地方。這些地方會變得非常燙，以至於岩石汽化、噴出物質，於是產生一股推力，將小行星推離碰撞路徑方向。不過，我們其實還沒有這種能力，我們也不太可能開始研發機器人太空探測器艦隊，只為了以防萬一。可是，時間一分一秒過去了……

技術專家還有別的辦法。他們認為，或許我們不需要太空探測器艦隊；或許我們只需要一種非常厲害的武器，能夠發射離子束對準小行星。帶電離子束會使小行星偏離路徑方向。問題是，達到足夠大的偏轉幅度可能要花好幾年的時間，而我們可能沒有那麼多時間了。「重力牽引器」也是一樣的道理，這種太空船的質量很大，它本身的重力可以使小行星偏離路徑方向。但它太小了，而且可能也來不及了。

衝撞小行星

事到如今，只好死馬當活馬醫了。我們乾脆派太空船充當「動力撞擊器」，飛進小行星的表面。說不定，那樣會把足夠的橫向動量轉移給小行星，使它偏離看起來很嚇人的軌跡？

我們即將在2021年揭曉答案，屆時NASA將會啟動「雙

小行星轉向測試」（Double Asteroid Redirection Test，DART）任務。一旦進入太空，它將飛往小行星迪迪莫斯（Didymos），最後衝向它的小衛星（直徑為150公里）。

太空船上一系列的精密儀器，以及地面望遠鏡的觀測結果，將會告訴我們，撞擊對於小衛星的軌跡有多大的影響。但願不會造成一大塊小行星碎片轉而飛向地球。

好了，導向飛彈說夠了；老派的《世界末日》型炸彈怎麼樣？令人驚訝的是，利用人工智慧（AI）評估所有的可能方案，這種方案竟然是首選。

2018年，NASA的「尖端發展實驗室」（Frontier Development Lab）研究人員發明了「轉向選擇系統」（Deflector Selector），這是一套機器學習演算法，可以根據小行星的威脅來決定最佳行動方案。這套AI說，《世界末日》的電影情節正是最佳方案。好萊塢贏了！

所以，我們該怎麼做呢？好，在理想情況下，我們需要知道小行星有多堅硬。如果不夠堅硬，衝擊波會被岩石吸收，無法造成足夠的破壞。或者，它可能太容易碎掉，這樣我們就得應付「散彈槍效應」，也就是說，一顆小行星會變成很多較小、但還是很危險的碎片。

當然，我們不清楚是否來得及做這種「前置調查」。無論調查或不調查，有一件事情很清楚：到時候，我們必須將炸彈放在小行星的內部。將炸彈綁在表面爆炸的話，它只會成為另一種推力；我們所需要的是炸彈從小行星的內部爆炸，摧毀岩石，這樣才能拯救世界。

不過，我們還是沒有必要請布魯斯威利來聽電話，因為我們可以打造特殊的太空船，用不著他來幫忙，這艘太空船就能完成任務。

　　NASA將核武器交給布魯斯威利和他的組員，他們帶著核武器進入太空，這樣一切都沒問題，但是，如果其他的太空技術大國（譬如中國，或俄國）也比照辦理，美國人會作何感想？

　　美國的海星一號（Starfish Prime）是有史以來最接近太空的核武器。那是一顆威力相當於140萬噸TNT炸藥的核彈，在距離夏威夷西南西方1,500公里的地表上空400公里處引爆。爆炸發生在1962年7月，是冷戰期間美國武器測試計畫的一部分，當時產生了遠超乎預期的強烈電磁脈衝，結果造成通訊中斷，以及破壞夏威夷的電器用品。

　　將武器送往太空，在21世紀的外交上是非常棘手的問題。1967年的「外太空條約」（Outer Space Treaty）由109個國家簽署認可，其中包括美國、俄國和中國，條約禁止任何國家在地球軌道上放置大規模殺傷性武器，也不能放置在月球上，或是以其他任何方式停留在太空中。條約也不容許大型武器試驗，這意味著，條約恐怕無法接受「核動力摧毀小行星」演習。萬一哪天我們這麼做，那就是真實行動了。

　　問題在於，「外太空條約」並沒有明確禁止使用較小規模的武器，例如可破壞衛星的雷射光束和通訊干擾技術，甚至是導彈防禦系統。這些武器已經開始建造、測試和部署了。「防止外太空軍備競賽」（The Prevention of an Arms Race in Outer Space，PAROS）的新條約正在討論中，但是截至目前為止，各國對於條約內容不甚滿意。太空中也許不會有核武器，但太空也不再是非武裝區域了。

有一種方案已經擺在檯面上，稱為「超高速小行星攔截器」（Hypervelocity Asteroid Intercept Vehicle，HAIV）。這種太空船是愛荷華州立大學工程師魏邦（Bong Wie）設計的。魏邦和他的同事研究發現，最佳方案是盡快登上小行星，因此名稱中才會出現「超高速」字眼。然而，他們也得出結論，以太空船的正常飛行速率運送炸彈，雷管機制恐怕還沒引爆就會被壓壞。結果小行星安然無恙。世界還是會完蛋，你也成不了英雄。

HAIV將攔截器分成兩節，解決了這個問題。第一節先在小行星的表面墜毀，撞開一個大洞。第二節則是核導彈，它在附近待命，等到大洞弄好了，核導彈就會引爆。HAIV的設計者認為，只要有三個星期的預警時間，他們就能拯救世界，摧毀直徑140公尺的小行星。比起《世界末日》電影裡的十八天，三個星期久了一點，但已經很不錯了。

再來還有HAMMER，全名為「超高速小行星緊急應變減災任務」（Hypervelocity Asteroid Mitigation Mission for Emergency Response）。它的設計者對於首字母縮寫詞比較有感覺，至於自己的心血結晶的能力則是略有保留。但設計者之間也稍微有點關聯：HAMMER是一項聯合研究計畫，由美國國家核安全管理局（National Nuclear Security Administration）、NASA、美國政府的勞倫斯利佛摩（Lawrence Livermore）和洛斯阿拉莫斯（Los Alamos）國家實驗室共同參與。

HAMMER已經相中目標：直徑500公尺的小行星貝努。目前來看，這顆小行星在2135年9月25日撞上地球的機率有二千七百分之一。A計畫是用太空船（有9公尺高）飛進小行星，推它一把，使貝努偏離路徑方向。只要有十年的前置工作時間，一枚HAMMER火箭就能使直徑90公尺的小行星偏轉方向，足以閃過地球。由於貝努比較大，我們就用更多枚

《**彗星撞地球**》的主角是彗星，不是小行星，但是劇情內容似曾相識。有一名業餘天文學家發現了威脅，英雄試圖在彗星表面底下植入核彈，假如沒有英勇壯烈的自我犧牲，這項任務就不會成功。有趣的是，《彗星撞地球》選擇訓練太空人去當鑽探工，這正是當初班艾佛列克向麥可貝建議《世界末日》的劇情安排，他認為這樣合理多了。據說，麥可貝叫班艾佛列克「閉嘴」。

這兩部電影的製片人之間有很多牢騷。《彗星撞地球》率先推出，那可能是它敗陣的原因。《彗星撞地球》一推出，《世界末日》的製片人立刻撒下重金，確保他們的電影特效勝過競爭對手。結果，《世界末日》打贏了票房大戰。它賺了5億5,400萬美元，遠超過《彗星撞地球》的3億4,900萬美元。

HAMMER（可能多達五十枚），每一枚都由重型運載火箭發射升空。

如果這樣還不夠，B計畫是讓HAMMER在小行星表面的上方引爆核裝置。爆炸釋放的作用力會使表面汽化，造成的後座力或許足以拯救世界。

但是，可能還是不夠，這就是為什麼還有C計畫：像《世界末日》電影演的那樣，從小行星內部以核彈轟炸。

這麼看來，無論我們採用哪種方式，當我們走投無路時，《世界末日》的情境仍然是首選。要用多大的炸彈才行？根據

車里雅賓斯克隕石的樣本分析，俄國科學家已經完成必要的計算。他們認為，要摧毀直徑200公尺的小行星，300萬噸TNT當量的核彈就夠了。這是好消息，因為我們知道，製造及引爆5,000萬噸TNT當量的炸彈是有可能的：俄國人早在1961年就辦到了。

我們準備好了，有意願而且有能力。是的，這很極端，但威脅也一樣。正如有個聰明人（布魯斯威利）曾經說過，「萬一我們沒有完成這項任務，那所有的人都會完蛋。」

掠食性動物攻擊

第 **3** 種末日

「你得找一艘更大的船。」
——《**大白鯊**》（*Jaws*，1975）

和掠食性動物有關的恐怖電影，當然是少不了的。

有《異形》、《終極戰士》、《異形戰場》，以及《星際飆客》。還有《史前巨鱷》、《小魔星》、《大蟒蛇：神出鬼沒》等等，族繁不及備載。

不過，《大白鯊》是所有這類電影的祖師爺。在史蒂芬史匹柏的招牌電影裡，有一隻恐怖的大白鯊名叫布魯斯（Bruce）*，牠驚動了小島城市艾米蒂（Amity），度假遊客慘遭分屍。這隻鯊魚是不折不扣的怪物，從頭到尾超過7公尺。這有點誇張，但好萊塢到底把牠製作成多大的規模，其實並不重要，因為在現實世界裡，任何規模的掠食性動物都很恐怖。

奇怪的是，要是沒有掠食性動物，你恐怕不會在這裡閱讀這本書（或任何書）。與掠食性動物鬥智使我們變聰明。反過來說，我們也因此有了資源，可以享受恐怖電影的樂趣。所以，我們要不要來好好研究一下？

掠食性動物惡名昭彰。牠們被視為凶惡、一意孤行的凶手，常常掠食那些本該享受愜意生活的可愛小動物。電影中，滿頭花白的漁夫昆特（Quint）總結道：「你知道鯊魚吧，牠的眼睛死氣沉沉，黑色的眼睛，彷彿人偶的眼睛……」

說句公道話，掠食性動物嗜殺乃是天經地義的事情。正如德雷福斯飾演的海洋生物學家所言，鯊魚是「完美的引擎、吃東西的機器……演化的奇蹟」。掠食正是掠食性動物的職責所在。但是那也沒什麼，因為掠食本來就是我們演化史上非常重要的一部分。

---

* 影片中的鯊魚，其實從來沒有被命名，但電影裡用來拍攝的機械鯊魚，是以史蒂芬史匹柏的律師布魯斯・雷默（Bruce Raymer）的名字來命名的。

大約在三十五億年前，生物細胞最早出現於地球之前，就有原始的生命了：RNA分子在原生湯（primordial soup）裡漂浮。RNA分子既是化學反應的催化酶，也是含有複製指令的基因。也就是說，它們可能已經能夠自我複製，代表天擇已經發揮了作用——如果你的複製能力比較好，你的血統沿襲就會比較成功，比較有可能存活。

作者愛哈拉：《大白鯊》幕後花絮

> 我最喜歡的電影幕後花絮來自於《大白鯊》。

> 是不是大家都認為，史匹柏故意吊人胃口，直到電影演了一個多小時才讓真正的鯊魚露面，但實際上是因為機械鯊魚一直故障？

> 不是，不過那是很好的例子。我說的是德雷福斯（Richard Dreyfuss）關在籠子裡下海，然後看到鯊魚的那一幕。那不是機械鯊魚，那是真正的鯊魚。

> 鯊魚看起來那麼大，他們是怎麼辦到的？

> 他們用了德雷福斯的替身，他的個子比較小。里佐（Carl Rizzo）身高150公分，不諳潛水，他被嚇壞了。鯊魚撞壞了脆弱的迷你籠子之後，里佐本來應該要下水，但他拒絕再回到水裡。

> 希望他們扣了他的工資。

有些科學家認為，這些分子不會一直安分守己；相反的，有些分子會攻擊其他分子，將它們分解，基本上就是「殺死」它們。換句話說，行為表現很像掠食性動物。

　　有一種簡便的防禦方法，可以避免這種掠食行為，那就是「保護罩」之類的東西。因此，當然很有可能，從漂浮的分子一躍成為罩著細胞膜的簡單細胞生物，正是對於掠食行為的調適反應。多謝了，掠食性分子。

　　那只是剛開始而已。

　　生命有兩種主要形式：單細胞原核生物（非常簡單的細胞，具有游離的DNA而沒有細胞核）和真核生物（較複雜的細胞，具有細胞核）。所有的動植物都是真核生物。從簡單的原核生物形式跨越到更複雜的真核生物，大約發生在二十億年前，沒有人確知這是怎麼發生的。有一種理論認為，掠食性原核生物可能吞噬了某種細菌獵物（細菌也是原核生物），這種細菌沒有被消化，在細胞內部存活下來，即我們現在所謂的粒線體。粒線體具有自己的DNA，作用是將醣、脂肪和蛋白質轉變成維持生命的化學能。

　　這種理論的缺點是：此過程應該還在持續發生，但是現有的原核生物似乎沒有太多的吞噬行為。不過，我們倒是看到比獵物還要小的掠食性原核生物，它們可以鑽進去獵物體內，從裡面消化。所以，或許這比較能夠解釋，較小的細胞如何生活在較大的細胞內部，結果產生了真核生物。

　　儘管真核生物比原核生物更複雜，但是要達到我們現在所看到的生命多樣性，還需要跨出一大步 —— 一躍成為具有多細胞的生物，亦即「多細胞體」（multicellularity）。同樣的，掠食行為可能也扮演了某種角色。

　　研究人員將掠食性微生物注入單細胞真核生物的環境中，

實驗結果顯示，在短短20代之內，真核生物便演化成為多細胞形式。動作很快。

實驗無法證明掠食性微生物就是導致多細胞體的原因，但倒是證明了這是可能的原因之一。除此之外，我們知道，多細胞生物可能比較大，有些細胞可以執行特定功能，因此遇到攻擊時比較容易存活。姑且不論其他因素，多細胞生物失去一個細胞還承受得了，單細胞生物顯然不行。

再來談到更大的生物，我們知道，最早的動物可能出現在六億年前，不久之後（以地質學的角度而言），海洋裡便有了大量的動物。在極度多樣化及各自獨立的演化過程中，其中很多動物發展出骨骼和礦物質保護殼，這和保護游離分子的細胞膜很類似。有許多研究人員認為這可能也是對於掠食行為的反應，但這樣的觀點你或許已經見怪不怪了。

誰是最早的掠食性動物？

那麼，什麼是最早的掠食性動物？

這個問題很有挑戰性，因為化石紀錄並不完整，軟組織也很難留存下來。但是，我們可以利用過去發現的殘缺片段，拼湊出相對連貫的說法。

首先，我們可以肯定的是，海洋直到六億年前才出現大型掠食性動物。有一群生物體稱為埃迪卡拉生物群（Ediacaran biota），大小從數公釐到數公尺不等，牠們是軟組織，大致上無法移動。對於掠食性動物來說，牠們理應是吃到飽的自助餐才對，不過，幾乎沒有證據顯示牠們被捕食。因此，地質學家認為，埃迪卡拉生物群的食物需求來自於光合作用，周圍並沒有大型掠食性動物打擾牠們安逸的生活。

我們可以確認的最早的巨型掠食性動物，生活在五億四千萬年前。牠的名字是奇蝦（*Anomalocaris*），樣子果真很奇特，看起來令人聯想到甲殼動物。牠具有銳利的大眼睛，以及被某種附肢環繞的大圓嘴，可想而知，那些附肢是為了把獵物抓進嘴裡。牠的身長可能長達2公尺，這絕對是一場噩夢。

長知識 ➤ ## 逃到陸地上！

大約在三億七千萬年前，魚類為什麼首度爬上陸地，最終演化成為爬蟲類和兩棲類？正是因為掠食行為。

我們不知道細節，但牠們可能是為了捕食早先逃離海洋的昆蟲類和蝸牛類，或者，牠們可能只是試圖躲避海洋掠食性動物，例如鯊魚。

令人驚訝的是，此乃演化過程中最重要的步驟之一，目前似乎正在南太平洋再度上演。拉羅湯加島（island of Rarotonga）附近的鰕魚，退潮時在淺岩池中游動，但漲潮時牠們並不是游出海，而是蠕動到乾燥的陸地上。據研究人員計算，這是因為牠們在那裡可以遠離游進來的掠食性魚類，被捕食的風險較小。這支持了以下觀點：在此過程中，躲避掠食行為是爬上陸地的主要驅動力，比尋找新的食物來源可以說更重要。

有些鰕魚品種已經過渡到陸地上生活。牠們還是用鰓呼吸，確保鰓維持濕潤，但牠們也同時發展出某種能力，可以透過皮膚取得氧氣。牠們還演化出更強壯的尾鰭，讓牠們可以跳來跳去。特別值得一提的是，肩章鯊魚也具有在岩石上扭動的能力。再過二千萬年，說不定就會出現陸生鯊魚！

過去的古生物學家首度將奇蝦的化石拼湊起來時，他們認為牠可能會咬牠的獵物，因為牠的嘴巴可以闔上一點點，邊緣參差不齊。不過，現在看來，這似乎不太可能，因為我們知道，這在生命史上還言之過早：還需要一段時間，才會演化出理想的牙齒和顎部。所以，奇蝦大概是將食物吸進去而已。

　　奇蝦甚至不是最早的大型掠食性動物。在牠們出現之前，堅硬的外殼和外骨骼早就出現了。在距今五億五千萬年前的外骨骼化石中有孔洞，這些孔洞據信是飢餓的掠食性動物鑽透堅硬的外殼、為了取得裡頭的軟組織所造成的鑽孔痕跡。這些孔洞的大小和形狀都非常相似，顯示它們是由單一的掠食性物種造成的，不過，該物種的身分仍然是未解之謎。

　　較小的掠食性動物已經存在一段時間了。令人驚訝的是，科學家發現七億四千萬年前的變形蟲化石，這些變形蟲也已發展出堅硬的骨骼。其中有些骨骼帶有微型掠食性動物的標記，也就是微小的鑽孔，大概是用來獲取裡頭的養分。

　　我們在如今所謂的「吸血鬼變形蟲」（vampire amoeba）身上看到這種掠食行為。我們可以假設，微型掠食行為可以回溯至更早，但由於沒有堅硬組織可形成化石，我們根本不可能找到任何直接的證據。不過，目前看來，我們確實有充分的理由相信，掠食行為持續推動演化過程：包括我們本身的獨特能力。

　　看看我們。相對來說，人類根本微不足道。七百萬年前，原始人類從黑猩猩表親的家族圖譜分化出來，當時我們的體型更小、更弱，小腦袋和雙腿還無法跑得特別快。換句話說，早期的人類正是完美的獵物。這有點像《大白鯊》電影裡的海洋生物學家嘲笑笨手笨腳的滿船漁夫。漁夫爭先恐後想要捕捉鯊魚，海洋學家說：「他們全部都會死。」

　　所以，人類到底是怎麼存活下來的？

作者愛哈拉：北極熊大戰鱷魚

 來賭一把，最頂級的掠食性動物大對決。北極熊大戰鱷魚。誰會贏？

我才不玩這種遊戲。太無聊了，你幾歲啊？

 好吧，那老虎大戰殺人鯨呢？

我反對的不是選什麼動物來對決，而是整個前提。我才沒興趣看兩隻龐然巨獸互相打鬥。

 好啦好啦……那水蟒大戰老鷹呢？

勢均力敵，這個不錯。二十塊，我賭老鷹贏。

人類也是獵物

　　嗯，這向來是一大挑戰，事實上是一系列的挑戰。從一開始，無數的動物就在獵捕我們了。牠們現在依然如此。

　　我們在英國南部的避風港安心寫作，很容易以為如今沒有任何動物在積極尋找人類來當食物，然而，全球的統計數字卻不是這麼回事。生活在原始自然棲息地附近的人類，正遭到加拿大的美洲獅、澳洲的鱷魚、印度的豹和老虎，以及其他掠食性動物捕食。

　　化石紀錄傳出了人類獵物的淒厲慘叫聲。以「董孩兒」（Taung Child）的遺骸為例：那是二百萬年前的南方古猿（*Australopithecus*）幼兒頭骨（一般認為，人類由這種原始人類演

化而來）。頭骨上有深深的抓痕，多年來令古生物學家百思不解。現在已經確認，這些抓痕正是被猛禽殺害的證據。

猛禽的爪子很有力，可捕殺比牠們本身體型大很多的動物，包括靈長類動物。化石頭骨上的抓痕，和現代鷹類在受害者骨頭上留下的抓痕一模一樣。

還有更多恐怖的證據，證明我們是掠食性動物的晚餐。另一個原始人類頭骨化石來自一百五十萬年前，是在南非發現的，頭骨上有兩個圓孔。這些圓孔正好與古代豹類的尖牙吻合，因此不用念到博士，也知道這是怎麼回事。

其他還有一些非常著名的原始人類遺骸，也有類似的穿孔痕跡，可追溯至一百七十五萬年前，這回則是與劍齒虎的獠牙吻合。除了巨型猛禽和大型貓科動物之外，我們可能還遭到鬣狗、狼、熊、蛇，甚至巨型袋鼠捕食。這就是為什麼，我們會演化出某些非常有用的技巧。

恐懼的遺跡

如果有件事情，比「找到足夠的食物讓自己活下去」更加迫切，那就是避免成為其他動物的食物。你可以稱之為終極演化壓力。

對獵物而言，與掠食者之間的互動攸關生死；但對掠食者而言，只是這餐有沒有飯吃而已。生物學家道金斯（Richard Dawkins）和克雷布斯（John Krebs）形容這是「一條命一頓飯法則」（life-dinner principle），它推動了演化過程：如果你能碰巧成為「比較難搞的一餐」，然後將此特點傳給下一代，對於你和你的物種會有極大的幫助。

演化過程中，我們的祖先發展出躲避掠食性動物的新方

法。我們可以在現代的人類身上看到這些適應的結果。譬如我們本能就有的「戰或逃」機制，幾乎肯定是古代掠食者威脅帶來的後果。

每當我們遇到麻煩（有時甚至只是一點風吹草動），腎上腺素就會刺激我們，這和刺激我們的祖先發揮本能、飛快逃離掠食者的作用是一樣的。我們的心跳加速、呼吸急促，都是為了緊急輸送氧氣到我們的肌肉。

有趣的是，恐懼引起的腎上腺素激增，副作用竟然是令人格外愉悅，這正是為什麼，我們喜歡看《大白鯊》之類的恐怖電影。某些動物曾經很危險，即使牠們不再構成任何威脅，我們也會自然而然對牠們產生恐懼感。我們還是會緊張兮兮，看看背後有沒有長著銳利獠牙的野獸。

好玩的是，人類「起雞皮疙瘩」的功能還沒消失。從前當我們身上有毛時，豎立的毛會讓我們看起來體型比較大，讓掠食者認為我們似乎是「比較難搞的一餐」。但雞皮疙瘩現在就沒有這種作用了。

從好的方面來說，掠食性動物使我們變得合群。

人類社會群體幾乎是普遍的現象。有各式各樣的理論可以解釋這件事，不過，有一種令人信服的簡單論點是：人多就安全。一來，人多勢眾增加了發現威脅的機會；二來，如果威脅升高，一群人張牙舞爪，比較有機會擊退敵人。針對現存靈長類動物的研究證實了這一點：比較大的群體，遭到捕食的機率往往比較低。

有一種論點甚至認為，我們的說話能力，有一部分要歸功於掠食性動物。靈長類動物利用各種方法避免成為食物，包括防衛性攻擊、靜止不動以免被看見、持續掃視周圍環境，以及發出聲音來警告。

發出聲音有雙重目的：提醒群體的其他成員注意逼近的威脅，同時讓掠食者知道，你已經看到牠了。以大型貓科和蛇類等掠食性動物為例，暗中發動奇襲對牠們來說很重要，所以，牠們一旦被發現就會溜走，之後再伺機行動。

透過針對長尾猴和獼猴的廣泛研究，我們得知，許多靈長類動物會有明顯不同的呼叫信號，根據看到不同的掠食性動物而定，因此某一種呼叫聲可能代表「豹」，而另一種呼叫聲可能代表「蛇」。每一種呼叫聲似乎有相應的動作。看到豹，快點爬到樹上。看到蛇，拿東西砸牠。

這些發聲行為是靈長類動物防禦策略的關鍵，早期的原始人類也在做類似的事情。這些呼叫聲很可能進一步包含更詳細的訊息，尤其是，如果這些原始人類生活在開闊的地方，他們可能同時發現好幾件跟他們有關的事情。溝通方式愈複雜，愈容易計劃如何逃生。語言發展成為非常有用的工具，或許有一部分是為了讓自己脫離險境。

大腦如何變「大」？

語言的問題是腦部要很大才行。大腦本身非常飢餓，需要大量的能量才能運轉。所以大腦需要為動物提供許多價值，這樣才划得來。過去的研究已經證實，腦容量與存活率之間具有相關性，但是直到研究人員針對腦容量較大的孔雀魚（反正比普通孔雀魚的腦容量大）進行實驗，發現腦大的魚存活率較高，我們才確認了腦容量與存活之間的直接關係。是的，以孔雀魚來說……其他動物還有待研究。

人類演化史上最難解的謎團之一，就是我們怎麼有辦法長出較大的大腦。

大約在二百萬年前，這種情況開始發生。大約是在同一時期，我們的牙齒日益變小，消化器官也在縮小。這一切都指向飲食的改變。那麼，我們怎麼會改吃更營養、更容易消化的食物呢？我們如何餵食我們的大腦？

有一種想法是，我們從「找到什麼就吃什麼」，變成比較經常吃肉類，這樣就要藉由獵捕來達成。但是有一點很難配合，那就是為了用縮小的牙齒和消化器官來吃及消化肉類，我們需要烹煮肉類。高熱可以有效的預先消化食物，讓我們得以更快的攝取更多的卡路里，卡路里對於大腦的維持和成長是很重要的。

對原始人類來說，火的掌握絕對很關鍵。然而，我們找不到祖先當時使用和控制火的任何證據。這是否意味著，我們只是還沒找到證據？有可能。

火除了讓我們用來烹食，也保護我們躲避掠食性動物：動物怕火。於是我們可能開始睡在平地上，而不是樹林裡，因此獲得較多、較好的睡眠，使我們成為群體中更有警覺性的防衛者，以及更成功的獵捕者。

事實上，有證據顯示，我們是非常好的獵捕者，好到或許足以勝過尼安德塔人，足以獵捕許多體型更大的哺乳動物、使牠們滅絕。但是，面對大白鯊，我們還是不能自稱是最厲害的獵捕者。

大白鯊有多大

首先，我們來回答這個明顯的問題：《大白鯊》電影裡的鯊魚有7.6公尺長，真的有這麼大的鯊魚嗎？一看就知道，沒有！而且《大白鯊2：神出鬼沒》裡的鯊魚更誇張，那隻有9

作者愛哈拉：**川普討厭大白鯊**

你知不知道，本奇利（Peter Benchley）說，他很後悔把鯊魚寫成凶殘、冷血的殺手？

嗯，大白鯊並不是那麼冷血：牠們在必要的時候可以升高體溫。

你搞錯重點了。他覺得自己害了鯊魚，因為他使人們害怕鯊魚。

像川普之類的人嗎？

沒錯。川普說，他絕對不會捐錢給鯊魚保育慈善團體。他希望牠們死光光。

嗯，這對鯊魚來說是很好的公關。有沒有聽過這句話？「敵人的敵人就是我的朋友」。

公尺長。到了《大白鯊3D》（這部片子，不管幾D你都不應該看），鯊魚的長度大約是10.6公尺。

第一集電影海報上的經典鯊魚，簡直是藝術家的自由發揮。相對於海報上方的倒楣游泳者，那個血盆大口之大，根據常理判斷，鯊魚起碼要有15公尺長。

普通的大白鯊大約介於3到5公尺之間。話雖如此，但牠們的體型也可以更大：《大白鯊》電影根據本奇利的暢銷小說改編，靈感來自於1964年一隻2,000公斤重、5.3公尺長的大白鯊在長島外海被魚叉捕獲的故事。被鏡頭捕獲的體型最大的大白鯊，是一隻母鯊魚，頗有想像力的科學家取名為「深藍」（Deep

Blue）。據信牠差不多有50歲，長度達到7公尺，令人印象深刻。所以，7.6公尺或許勉強還算合理。

這樣的野獸，堪稱是數百萬年演化故事中的高潮。事實上，鯊魚是演化過程中最不朽的成就之一。

四億多年前，牠們從硬骨魚類分化出來，從此以後，牠們在地球上所有的海洋環境中繁衍。這些神奇的動物經歷了五次大滅絕，包括六千六百萬年前、眾所皆知殺光所有爬蟲類恐龍的那一次，以及更嚴重的二疊紀末期滅絕事件，發生在二億五千一百萬年前。

那場大滅絕殺死了地球上超過96％的海洋物種，以及70％的陸生生物。但鯊魚逃過了一劫。將近五億年以來，曾經出現的鯊魚品種大約有3,000種。如今大約有500種鯊魚，其中有很多可以追溯至恐龍時代。難怪人們有時稱牠們為活化石。

一輩子長四萬顆牙齒

我們對於鯊魚演化史的瞭解，幾乎全部來自於牠們的牙齒。鯊魚的其餘骨骼都是軟骨，不是硬骨[*]。軟骨在海裡很快就腐爛了，因此極少發現化石。幸運的是，鯊魚有成排的小尖牙，它們會再生，有如邪惡的「輸送帶」般向前移動，持續替換可能受損或脫落的前排牙齒。

大白鯊在一生中，可能會長出2萬至4萬顆三角鋸齒狀的銳利牙齒。因此，鯊魚牙齒的化石紀錄非常豐富：對於古生物學

---

[*] 這正是鯊魚和硬骨魚類（當然還有我們）的差別。硬骨魚類可以說是人類最早的祖先，這就是為什麼，鮭魚和你的關係，比鮭魚和鯊魚的關係還要親近。

家來說，這是好消息；對於想要尋找化石項鍊來顯示自己度過了「空檔年」（gap year）的人來說，這也是好消息。

話雖如此，還是有一些鯊魚骨骼的紀錄。譬如說，我們發現了三億八千萬年前非常早期鯊魚的完整化石骨架，這種鯊魚稱為裂口鯊（*Cladoselache*）。牠的流線造型、魚雷形狀的身體和叉狀的尾鰭，使牠被看成是鯊魚，而且是一種可以在水中快速靈活游動的鯊魚。顎骨化石顯示，牠具有強壯的顎部肌肉，可見裂口鯊也能張口大咬，成為最頂級的掠食性動物。

事實上，鯊魚是最早發展出顎部的動物之一：這是一種極大的優勢，代表你可以開始咬食比你的嘴巴更大的東西。許多科學家認為，鯊魚的顎骨是從支撐鰓的弓狀骨逐漸演變而來的，而且這種演變之所以受到青睞，可能是因為可以改善呼吸。附帶的好處是可以咬、抓、恐嚇獵物，無疑使這種特殊的新功能值得保留下來。

裂口鯊並不是海洋中唯一具有顎部的動物。還有鄧氏魚（*Dunkleosteus*）之類的動物也會來爭奪食物。這種盔甲怪獸的體型有如公共汽車那麼大，大口一咬的力道，是所有海洋魚類中最強大的。牠沒有牙齒，但是尖銳的骨板幾乎可以夾斷任何東西。類似的競爭對手，很可能促進了鯊魚的多樣化。

所謂的「鯊魚黃金時代」，發生在三億六千萬年前的石炭紀時期。當時出現了某些非常奇特的適應作用和身體形狀，包括具有砧狀背鰭的鯊魚（目的：未知），以及具有大如餐盤的螺旋式牙齒、從下顎突出來的鯊魚（目的：未知）。人類如果選擇那個時代去浮潛的話，簡直是找死。

並非所有的物種都有辦法存活下來。舉例來說，由於無人能解的原因，鄧氏魚從大約三億五千萬年前的化石紀錄中消失了。但是沒關係：每次有一種物種滅絕，就會開啟一個新的生

食物鏈中斷的悲劇

許多鯊魚品種瀕臨絕種，因為牠們被海洋中新來的掠食者捕殺，那就是人類。

根據2013年的估計，人類每年殺死一億隻鯊魚。一億隻！牠們遭到商業規模的屠殺，魚鰭被割下來，成了魚翅湯（龐大的東南亞市場，主要由總部設在歐盟的漁業公司供應）；同時，牠們也在其他的捕魚作業中被捕獲。一旦鯊魚被捕獲、魚鰭被割掉，我們如此漠視這些碩大的動物，竟然乾脆將牠們丟回水裡，讓牠們慢慢死去。

消滅鯊魚種群的影響非常深遠，因為牠們在食物鏈中的地位較高。在夏威夷附近的礁石區，有一整群鯊魚因為靠近漁場而消失。這意味著，該地區的章魚數量暴增（因為不再有鯊魚吃掉牠們），相反的，甲殼類動物數量急遽減少，因為章魚吞噬了牠們。到最後，沒有足夠的食物來維持章魚的生存，章魚的數量也暴跌了。這正是「食物鏈中斷」的一個慘痛例子。

態位，而鯊魚基本上正是這種生態位的開發專家。

以大滅絕事件來說，更是如此。這些災難時期之後的恢復期，似乎是鯊魚最「多元發展」的時候。譬如說，二億年前，三疊紀末期的那次大滅絕事件，鯊魚發展出特別有用的功能：一種靈活、伸縮自如的顎部。鯊魚因此有了圓滑流線的外型，游泳時可減少阻力，成為大開殺戒的關鍵優勢。鯊魚一揚起頭部，顎部便迅速的伸出去、攫住受害者，之後又同樣迅速的收回來。

**哥布林鯊魚（goblin shark）的顎部可以伸縮自如，
捕食獵物功能強大**

　　但是，儘管令人印象深刻，鯊魚並不是一直都霸道橫行。大約就在牠們有了靈活顎部的同一時期，牠們也無顏面對不斷演化的爬行動物。

　　在陸地上度過一段美好時光之後，這些爬行動物現在又溜回大海裡，在這些新的海洋生物當中，有些是當時海洋中最可怕的掠食性動物。遇到蛇頸龍、魚龍和可怕的上龍（身長20公尺，具有3公尺長的下顎）之類的怪物，連鯊魚也要溜之大吉。當我們在19世紀首度發現牠們的化石時，牠們被廣泛稱為海龍。有誰能捕食這些怪物？

　　不過，鯊魚很走運，有一顆龐大的隕石撞上墨西哥（詳見〈第2種末日〉），造成白堊紀末期的大滅絕，殺光了海洋爬行動物。鯊魚再度登上食物鏈的頂端。當哺乳動物開始回到水裡時，鯊魚早就準備好了。牠們變得又大又敏捷，而且特別喜歡吃這些營養豐富、胖呼呼的新來動物（海豹和鯨魚等等）。

　　但是，鯊魚的頂級掠食者地位，只維持到虎鯨出現就讓賢了。連大白鯊都必須向虎鯨（殺人鯨）俯首稱臣：殺人鯨的體型比大白鯨大很多，而且快很多。牠們也比較挑剔。

　　鯊魚會將獵物整個吞掉，但殺人鯨會小心翼翼的挑出大白鯊的肝臟（營養豐富的肥美食物），留下其餘的部分。無論你有

多害怕大白鯊，你害怕殺人鯨的程度應該要加倍。《大白鯊》中漁夫昆特那艘船的船名，或許就是這麼來的。

如何避免成為晚餐？

既然我們的焦點是《大白鯊》電影，那就從避免鯊魚的獵捕開始說起吧。有一個顯而易見的策略：「遠離水域」。不過，那倒也未必。

《大白鯊》的劇情概念，建立在「大白鯊會吃人」的基礎上。鯊魚真的會對吃人肉產生興趣嗎？很可惜（對澳洲人和加

作者愛哈拉：**續集愈拍愈爛**？

這是一部驚人的傳奇電影。

你是在說2013年的研究嗎？研究顯示，還是有將近一半的人，在入水之前會再三考慮。

那也對，但我在思考的是，它是第一部夏天賣座電影。由於《大白鯊》，好萊塢開創了一種新的市場模式。

沒錯，還有專屬票房保證的概念：搶錢、續集愈拍愈爛。

那倒不一定。《媽媽咪呀！回來了》不會比第一集差。

史匹柏真的創造了一隻怪物，不是嗎？

州人不能這麼說），證據並不多見。鯊魚攻擊人類的平均次數，約為每年80次，而每年的平均死亡人數為6人。2018年只有5人。這意味著，每有1人被鯊魚殺死，就有大約2,000萬條鯊魚被人類殺死。

事實上，大白鯊不想吃你。這些鯊魚很挑食，因為牠們的消化過程非常緩慢，所以不想浪費時間和消化道的空間，吃和你一樣沒營養的食物。無論你如何看待自己，對大白鯊來說，你瘦巴巴的，尤其是比起那些胖呼呼的高熱量食物（海豹和海獅），你更是沒有吸引力。

這就是為什麼，有人認為，牠們和人類的互動，只不過是一場誤認身分的意外。

從海面下的角度來看，衝浪者在衝浪板上的輪廓，可能會被誤認成海豹；驚惶失措的游泳者，看來就像是拚命掙扎的魚。但是，大白鯊的視力非常好，當這些鯊魚看到真正的獵物時，牠們會從下方發動攻擊 —— 急速向上猛衝、撲向受害者。若觀察牠們接近人類的方式，則顯示不太一樣的情況。牠們不會像對待其他獵物那樣猛然前進。牠們會先繞幾個圈圈，再游過來試探性的咬一口，這大概是龐大的殺人機器最溫柔的動作了。

所以，說不定，牠們只是好奇而已。倒不是說，你失去一條腿有什麼好安慰的。但這根本不是鯊魚的錯。牠沒有辦法戳你一下，或是跟你握手，也沒有辦法用手敲敲看，像你媽媽在菜市場挑西瓜那樣。如果牙齒是你唯一的檢查方式，你也會把東西拿來咬咬看。

應付鯊魚的最佳建議，還是最簡單的那句話：如果有任何風險，請遠離水域。順帶一提，遇到鱷魚的話，這也是很好的建議，只不過，鱷魚當然也可以爬到岸上。

如果鱷魚從水裡爬出來，開始朝著你衝過去……趕快跑！沿著直線跑，有多快跑多快（跑「之」字型的說法是危險的迷思）。在你筋疲力盡之前，鱷魚會比你先跑累而放棄牠的獵物。如果你跑太慢，牠真的抓到你了，你就戳牠的眼睛。這樣可能會說服牠放掉你。

不過，說真的，到時候你要對付的，是當今所有現存動物中顎部最有力（咬力最強大）的動物。所以你真的應該要跑快一點。不要說我們沒有警告你喔。

無論如何，千萬不要把對付鱷魚的建議（拔腿狂奔），和躲避諸如熊、老虎、狼等動物的建議混為一談。逃跑是非常糟糕的想法：這樣會使牠們立刻把你當成獵物。那就慘了，因為牠們在短短的距離之內就會追上你。

相反的，請試著讓自己看起來比你真正的體型還要大。張開你的外套。踮起腳尖。把你的帆布背包放在頭上。隨便怎麼

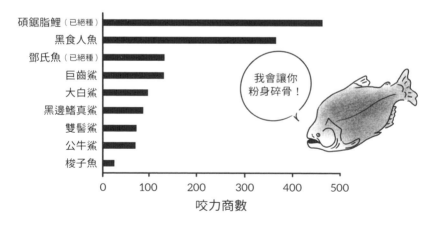

一些大型水生掠食性動物的咬力商數
（bite-force quotient，咬力與體重的比值）

在《巨齒鯊》電影裡，救援潛水員傑森史塔森（Jason Statham）在馬里亞納海溝發現了更深的地方，還有幾隻23公尺長的史前鯊魚，那就是巨齒鯊。

牠們闖了不少禍，到最後，史塔森別無選擇，不得不用自己的潛艇刺殺最大的一隻巨齒鯊，再用毒藥戳進牠的眼睛。這部電影並不是根據真實的故事（以後這樣的情節會不會成真就不知道了）。

然而，這些鯊魚過去確實存在，不過很難說牠們的體型會長到多大。我們倒是知道，牠們的鋸齒狀巨牙有18公分長，因此，假設牠們的身體構造類似大白鯊，牠們可能會達到18公尺長。大白鯊原本被認為是巨齒鯊的直系後代，但現在我們知道，大白鯊是由鯖鯊演化而來的。

巨齒鯊最早出現在二千三百萬年前，在大約三百六十萬年前滅絕。巨齒鯊滅絕的原因尚不完全清楚，但可能是由於食物供應不斷減少、競爭加劇所致。牠們有可能還潛藏在海洋深處迄今未經探索的地方嗎？不太可能。但是也說不定。畢竟，就在1976年，我們發現了一種新的鯊魚品種。那是身長5.5公尺的怪物，科學家命名為巨口鯊（megamouth shark），因為牠的……喔，顧名思義，你猜也猜得出來。

樣都行。只要看起來大一點，動物就比較不會輕舉妄動。以大型貓科動物來說，牠們往往避免攻擊那些會引起一場打鬥的動物。考慮到這一點，朝著老虎丟東西說不定會有幫助，例如棍棒、石頭之類的，丟什麼都好。同時也試著大聲喊叫。如果你能保持鎮靜，站得穩穩的，那牠可能會覺得，還是算了吧。但願如此。

喔，如果你還在擔心鯊魚攻擊（不用擔心啦：只要「遠離水域」就好了），好像有一種非常有效的防護劑。自從第二次世界大戰以來，坊間一直有傳聞說，鯊魚會避開有死鯊魚正在腐爛的區域。這是有道理的：如果那個區域有另一條鯊魚被殺死，意味著那裡有掠食性動物或其他危險。好消息是，2014年的一項研究證實，死屍費洛蒙（necromone）確實可以趕走鯊魚，那是腐爛的鯊魚組織散發出來的化學混合物。所以，下回你要出海時，只要全身上下塗滿來源可靠的臭酸鯊魚肉，那就絕對沒問題了。盡情的玩吧。

第**4**種末日

智慧型機器人

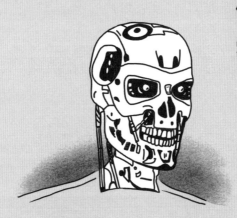

「他們說它很聰明，擁有全新的智慧。

而且它將所有人視為威脅。」

——《魔鬼終結者》(Terminator，1984)

無論是凶殘的《超完美嬌妻》、《2001太空漫遊》中冷漠無情的哈兒、殘酷的《機器戰警》，還是《西方極樂園》影集裡的瘋狂AI槍客（The Gunslinger）。有誰不喜歡看「科技反撲創造者」這樣的大屠殺戲碼？

但是，有個機器人遠遠勝過其他角色。阿諾史瓦辛格飾演的魔鬼終結者，是最具代表性的指標，是殺人不帶感情、手法乾脆俐落的代名詞。如同凱爾瑞斯（Kyle Reese）告訴莎拉康納（Sarah Connor）：「它不跟你討價還價，不跟你講道理；它沒有憐憫，不知悲傷，毫無畏懼，而且絕對不會停止……絕不，直到你死亡為止。」和所有最厲害的好萊塢反派角色一樣，魔鬼終結者是我們自身恐懼的產物。

簡單來說，令人擔憂的是：我們是否正在創造真實世界的「天網」（Skynet，派出魔鬼終結者的人工智慧，為了確保可以征服人類）？我們是否在不知不覺中，播下了自我毀滅的種子？劇

作者愛哈拉：**你像機器人**

阿諾演活了生化機器人。有誰能像他一樣？

這我就不知道了。有時候，你看起來有點像魔鬼終結者。

我猜我有點太一板一眼了。

不，我的意思是，當你在主持那個問答節目的時候。你總是一副呆滯的表情，還有要死不活的語氣。

透警告：這絕對有可能。

T-800 101型魔鬼終結者是一款非常精良的機器人。嚴格來說，它是仿真機器人或生化機器人，因為它一半是生物、一半是機器，令人印象深刻。如果我們對目前的機器人有任何抱怨，那就是它們還很差勁。如同莎拉康納在1984年的虛構世界中所言，「他們還做不出像那樣的東西！」

幾十年了，我們在螢幕上看到的科幻機器人，還是遠勝於我們在現實生活中看到的任何機器人。但這並不代表機器人還沒來臨。根據國際機器人聯盟（International Federation of Robotics）的統計，到了2020年，將會有300萬個機器人在全世界的工廠裡工作。那是2014年的兩倍。它們並不是在做什麼好玩刺激的工作（畢竟，這正是部署這些機器人的重點），但它們對於經濟成長有很重要的貢獻。

機器人的優勢

不只是在工廠。倉庫正開始以前所未有的方式實現自動化。2018年，美國設置在食品及消費產品加工業的機器人增加了60％。2019年，亞馬遜開始利用機器人而非人工來包裝客戶的訂購商品，因而成為頭條新聞。長期以來一直被認為不受機器人革命影響的建築業，現在也看到人類和砌磚機器人一起施工，例如砌牆比磚瓦工人還要快的SAM（Semi-Automated Mason）。

機器的優勢在於，如果工作是重複性的、涉及遵循簡單的指令、需要一組固定的可程式化動作，機器人做起來可能會像人類做的一樣好，而且更快，他們不用上廁所或午休，沒有受傷的風險，無需支付醫療費用或休假。機器人在假日或週末工

作也不會抱怨，而且它們絕對不會宿醉去上班。

在某些領域，機器人具有不同的優勢。譬如動手術。我們已經看到機器人在執行複雜的手術，但只是充當工具，手術還是必須由外科醫生操作。有時候，那個手術遠在千里之外。外科醫生從機器人的攝影鏡頭可以看得很清楚，因此不必與患者待在同一個房間。有時候，外科醫生會參與程式設計與監控，但這過程不讓AI參與，這些機器人還不能進行手術決策。但是，它們做的切口比用手做的更小、更整齊，減少了患者的傷口，並且縮短了癒合的時間。

機器人的最大用戶，大概是第一次工業革命中那些大量的創新者。農業耕作一向習慣於透過科技來改造。

糧食生產曾經是人類的唯一職業；後來，工具的利用使農業成為少數勞動人力的專屬工作，其他人則專注於建築或烹煮之類的事情。當農業機具出現時，更多人失去工作，但糧食生產變得更便宜、更有效率。

現在，機器人開始下田，從事人類不肯做或「不經濟」的工作。用機器人來找雜草、選擇性除草或噴灑除草劑，遠比用人類來除草更划算。

在一望無際的澳洲內陸，看守牲畜的放牧機器能監控牛的步態和體溫，並且回報牧草被吃過之後的狀況。澳洲的農民很感恩，說他們根本找不到工人來從事這類工作。美國的農民也有同樣的心聲：苗圃利用機器人在廣大的工作區裡搬運植物，等植物長大後將它們隔開、準備出售。由於這不是光鮮的工作，因此購入機器人就可以解決公司的招聘問題。

當然，這些機器人根本不像科幻片裡的那些未來機器人。我們總以為，機器人有朝一日會出現在我們的日常生活中，成為家務助理、調酒師、售貨員等等。引人遐想的是艾西莫夫

（Isaac Asimov）《機械公敵》中的上流社會機器人，而不是垃圾分類機器人《瓦力》。

外星人上太空

有一種應用正在實現我們更遠大的願望：太空旅行機器人。我們人類已經將機器人探測器放在月球、火星甚至小行星上。這也很合理。人類五十年來未曾重返月球，這件事情一直很令人扼腕，但是至少在目前，很難找到什麼重大的月球任務是人類可以做得比機器人更好的。

至於去火星，目前還不清楚，人類何時才能準備就緒（儘管美國國會已經為NASA定下目標，要讓人類「在2030年代到達火星的附近或表面」），而自從1997年以來，機器人早就在這顆紅色行星的表面上四處漫遊了。

不過，說到純粹令人印象深刻，誰也比不上軍方資助的機器人。以機械狗（BigDog）為例，它是波士頓動力公司（Boston Dynamics）與美國軍方的國防高等研究計畫署（DARPA）簽約製造的機械動物，專門用來負重。

這款大巨獸具有四條活動自如的鉸接腿、人工智慧大腦、被撞倒還能回復原狀的驚人能力，幾乎可以應付任何地形。如果你還沒有看過它，請看一下它的YouTube影片。

這種機器人會讓你覺得有點不舒服，因為它根本是在模仿真實生物的功能，而且它不是小而脆弱、或明顯有瑕疵的機器人。它重達109公斤，可以載重45公斤，動力由卡丁車引擎提供，跑速可以達到每小時10公里。它用四條腿站立時有1公尺高，但是當你看著它，你會覺得它好像可以用兩條後腿站立，拿起機關槍，讓人以為是魔鬼終結者來了。

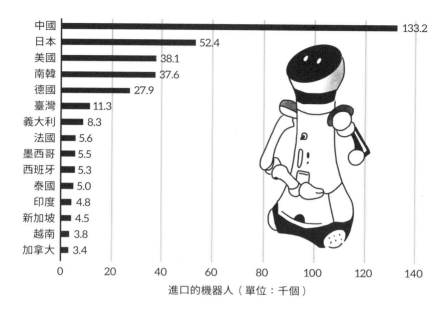

中國	133.2
日本	52.4
美國	38.1
南韓	37.6
德國	27.9
臺灣	11.3
義大利	8.3
法國	5.6
墨西哥	5.5
西班牙	5.3
泰國	5.0
印度	4.8
新加坡	4.5
越南	3.8
加拿大	3.4

進口的機器人（單位：千個）

**根據國際機器人聯盟的統計，
中國是2018年工業用機器人的最大進口國**

　　不過，BigDog不會是魔鬼終結者，因為它只是專門用來載運貨物、充當士兵的助手，而且，它已經報廢了。它遭到棄置的官方理由是：以戰場而言，它的引擎聲太大了；士兵認為，這樣會洩漏他們的行蹤。BigDog的替代產品AlphaDog也遭到擱置，理由也大致相同。後來又出現了Spot：一款以電池供電的偵察型機器人，體型像一隻大狗。但是，Spot到最後也沒有人要用。它無法自主行動，因此必須有人操作，這樣就失去意義了。

　　美國海軍陸戰隊作戰實驗室說，目前他們放棄了為士兵提供機器人助手的全盤概念。對波士頓動力公司的Atlas機器

人來說，這是壞消息，這款人形機器人可以做出後空翻、跑酷（parkour）等動作，樣子活像是在派對上的討厭傢伙，非要炫耀自己的所有把戲。儘管這款機器人由DARPA資助與監督（那還用說），但目前Atlas機器人被認為，頂多只能成為搜救隊的好幫手。

不過，波士頓動力公司正在製造至少一款原型機器人。這種Spot版本稱為SpotMini。它的導航能力有限（有一個攝影鏡頭可以避開障礙物，還有幾個攝影鏡頭裝在身上各處，以便觀察周圍環境），不過沒關係，因為它專門用來在工廠裡工作。唉！充其量，大概是在工廠四處巡邏吧。

如此看來，除了其貌不揚的機器人吸塵器，我們還是很難把這些東西用在家庭裡。這正是波士頓動力公司老闆瑞伯特（Marc Raibert）在《連線》雜誌上對SpotMini所做的介紹。

SpotMini可以適用於不同的環境。但是，當他進一步解釋時，原來並不是所有的地形都適用。相反的，它可以應付「從街道到路邊、樓梯、房間之間的通道」。房間之間的通道？這樣很厲害嗎？雖然，我們或多或少會有從一個房間走不到另一個房間的窘境，但是自從我們上了幼稚園（或者酒醒之後），就再也沒有這種事情了。

然而，不要只因為有腿的機器人目前還站不穩，就以為魔鬼終結者的情境不會發生。

1997年8月4日，「天網」系統上線。將人為決策從戰略性防禦中刪除。「天網」開始以幾何速率學習。在美東時間8月29日凌晨2:14，它變得擁有自我意識。慌亂中，人們試圖拔掉插頭……

作者愛哈拉：**如果擁有機器人……**

 如果你可以叫機器人管家做一件事情，那會是什麼？拜託不要說性愛。

嗯，這很難說。我想，我會叫機器人摺衣服。

 是喔，很大的夢想。

那是世界上最無聊的事情耶。你呢？

 我會叫機器人和你一起寫書。

在《魔鬼終結者》電影裡，美國軍方研發了名為「天網」的人工智慧數據網路。他們利用它來控制一系列複雜的國防科技，包括美國的核武軍火庫。

當「天網」突然發展出自我意識時，驚惶失措的操作人員試圖關閉系統，這個舉動被網路視為攻擊行為。「天網」向俄國發動核彈攻擊，俄國人進行報復，造成數十億人喪生，浩劫過後的世界慘不忍睹。

在我們的世界裡，1997年8月29日事實上是Netflix的開播日。我們非常確定，它的演算法沒有自我意識，但是電腦或電腦網路有沒有可能「覺醒」？AI有沒有可能將自身的利益（或至少是自身的使命感）擺在第一位？

很難說。有些研究人員認為，機器可能展現自我意識，但大多數的人認為不可能。問題在於，大家都是用猜的。而且，當你不知道最壞情況的可信度有多高時，謹慎一點是合理的

（以「天網」為例，最壞的情況確實很慘）。不是嗎？或許，你應該刪除你的Netflix帳號……

什麼是「自我意識」？

在這整個情景中，最大的未知數之一，就是產生自我意識的原因。我們人類有自我意識（有自覺，或是有意識，看你想要如何定義），但是我們不知道，大腦是怎麼回事才會產生意識。某些動物也一樣；我們認為章魚、邁可的狗和瑞克的貓，都展現了與意識有關的特徵，儘管程度不同。這可能與大腦的容量或神經元之間的連結數有關，或是……好吧，我們不知道。

我們倒是知道，你辦公室裡的電腦網路，並沒有顯現出任何「有意識」的跡象。網際網路也沒有。但是有些研究人員說，「網際網路有意識」並非不可能。畢竟，網際網路和人腦在結構上很相似，那麼，在輸出方面為什麼沒有某些相似之處？

其中一位研究人員名叫海利根（Francis Heylighen），任職於布魯塞爾自由大學。他認為我們將意識過度神祕化了。對他來說，意識只是某種機制，使資訊處理變得更有效率。他說，意識掌控「大腦的哪些作用獲得最多資源」，這只是一種微調機制，有點像hi-fi音響系統上的圖示均衡器。

主持通用人工智慧研究所（Artificial General Intelligence Research Institute）的格策爾（Ben Goertzel）則認為，藉由使網際網路質疑其本身的完整性，有助於喚醒網際網路。在某種程度上，工程師讓它自我檢驗，找出本身知識和能力的缺陷，然後發明方法來解決，這樣就會促使網際網路變得具有意識。想必格策爾沒有看過《魔鬼終結者》電影，因為他認為，這絕對是好事一樁。

當機器人可以自主學習……

個別機器人變得具有意識（這是當今電視劇的特色），就此層面而言，也不是不可能。機器人的意識是否有意義，這點並不明確。如果魔鬼終結者的程式指令是「不惜一切代價除掉莎拉康納」，那它不需要意識就能實現這個目標。它只需要很強的適應能力。只要它可以應付各種景觀、地形和障礙物，並且利用有限的資訊找到新的途徑來達成它的既定目標，它並不需要具有自我意識。

這些都是我們正在為各種不同 AI 建構的功能，因此完全不難想像，某一項超級 AI 研究計畫同時具備這些功能。最令人印象深刻的，可能是 Google 的 DeepMind。這套 AI 完成了各式各樣具有挑戰性的任務，它不是程式，也不是網路，比較像是一種實現特定目標的方法。

比方說，它自我學習下圍棋，很快就成為全世界最厲害的圍棋高手。它解決了 Google 伺服器在能源效率方面的一些問題、協助預測風力發電場的發電量，並且正準備進軍醫療界，改善乳癌診斷之類的問題……這些不是都很好嗎？我們應該讓 AI 參與更多的事情，對不對？

牛津大學哲學家博斯特倫（Nick Bostrom）沒那麼肯定。他認為，不難想像會有一種情況：好的動機、看似無惡意的決策，卻出了嚴重的差錯。

博斯特倫說，想像我們創造了某種先進的 AI，其唯一目的是製造廉價的迴紋針。它有學習能力，很快就展現其獨創性，藉由顛覆其他領域（譬如汽車製造業）的資源來增加迴紋針的產量。有人試圖阻止這種情況，因此 AI 發現它必須保護自身的實體與智力資源，否則可能無法實現它的目標。

長知識 ▶ **殺手機器人應該存在嗎？**

當艾西莫夫提出機器人三大倫理定律時，其中一項是「機器人不得傷害人類」。「天網」顯然沒有收到通知。

魔鬼終結者並不是我們所謂的倫理機器人。它的程式設計似乎沒有要它好好對待人類。不過，說句公道話，它確實叫那些小混混交出身上的衣服給它，而不是直接殺了他們。問題是，這些定律還可以修正得更好嗎？

艾西莫夫的三大定律算是還不錯的開始。除了防止機器人傷害人類（或坐視人類受到傷害），這些定律還規定，機器人必須服從人類的命令（除非此等命令違背第一定律），並且必須保護機器人自身的存在，只要此等保護不違背第一和第二定律。只要所有的製造商和程式設計人員貫徹這些定律，很難想像，人類與機器人和諧共處會有什麼問題。

但是事實上，我們正在生產專門用來殺死人類的機器人，這樣的行為與三大定律背道而馳。

某些研究人員正試圖製造決策能力不輸人類的軍事武器，但這幾乎不可能做到萬無一失。根據許多研究人員指出，遵守艾西莫夫定律的唯一方法，就是完全禁止殺手機器人。迄今為止，已有二十八個國家呼籲優先禁止此類技術。

不久，我們的世界會被迴紋針淹沒，沒有其他東西了。更糟的是，只要有人試圖終止此過程，就會使人類被AI標記為威脅。既然，AI已經知道人類有幾斤幾兩重，現在它將會專注於

如何防堵人類來阻止它，那就是：用迴紋針。

博斯特倫的意思是：任何夠先進的AI如果有了使命感，都有可能變成生死攸關的威脅。這種使命感不見得是來自於感覺或意識。下棋程式的存在，是為了在某些限制下（例如在特定級別）贏棋，但我們並不認為它具有意識。

想像一下，如果程式只是簡單的給指令：「你必須竭盡所能獲勝」；同時，它有足夠先進的AI，可以取得核武器的密碼……你可能會說，這絕對不會發生。但我們剛才不是解釋過了，研發具有AI功能的機器人，誰最感興趣？

作者愛哈拉：**預言**

 誰想得到，阿諾會從此平步青雲，成為加州州長？

《超級戰警》的編劇。

 什麼？

《超級戰警》的背景設在2032年，劇本提到，阿諾是美國前總統。

 等一下，電影是什麼時候上映的？

1993年。在阿諾有意從政的整整十年前。

事情可能會這樣發展……

在還沒有「天網」的世界裡，與機器人有關的每個決策，可能在當時看起來都是很好的想法。

建造機器，一開始是為了解決生活中單調乏味的工作，例如邁可想要的摺衣服機器，或是汽車組裝機器人。後來發現，其實有更多人類的工作都可以讓機器來做。所以我們創造了可收割農作物的機器，或是可監看城市的無人機偵察隊。

但是，你還是要應付有人擅闖土地、有惡棍在街上搶劫老太太之類的問題。因此，你可能會讓這些機器配備威懾性武器，必要時可以人為操作遙控發射。只要人類看得到發生什麼事，就會做出正確的決定，不是嗎？

你可以想像事情如何發展。實際上，或許人類做不了正確的決定。或許，我們應該讓決策過程自動化，等到決定要發射時，再讓人類做最後的確定就好了？這樣可以回應更快，而且，面對現實吧，這些新的AI模組真的很厲害：機器人可以在發現危險情況時立刻做出回應。

然後……好，說句公道話，現在的AI這麼厲害，以至於凸顯出人類在決策過程中只會拖拖拉拉。如果我們一定要等到脆弱的有機大腦做出殺人的決定，那些壞蛋早就跑掉了。為什麼不直接授權讓機器人開槍？它們不太可能會偏袒，或是動不動就開槍吧？我們把機器人訓練得很好。讓它們做決定吧。

事實上，我們應該讓機器人分析所有的資料，找出最佳方法來維護我們的安全。如果它們的全球監視網路夠廣、功能夠強，便可蒐集來自所有武裝巡邏機器人（包括警察和軍方）的所有資訊，預測威脅的來源；甚至可以深入瞭解，人類為何必須忍受這麼多的衝突。也許機器人可以幫助我們解決問題。

不用擔心，它不可能那麼聰明，以至於變得具有自我意識，並且找到自己的使命感。上述的想法很荒謬。好吧，不是全然荒謬，雖然不是沒有機會，但真的不太可能。它不可能如此深思熟慮，然後發現：若是它無法完成自己的工作，就是對世界最大的危機。

是的，萬一這真的發生了，它可能會決定執行軟體修改，重設死亡開關。但這種事情不會發生。有人會確保這不會發生，對不對？正如人類也會避免讓機器人意識到「由機器人掌控世界，可以掌管得比人類更好，於是決定接管」的可能性。

自動駕駛造成的死亡

回到現實世界，有人真的在避免，對不對？好吧，不完全是。但確實已經有非武裝機器人殺了人。不是故意的，因為它們沒有感知能力和使命感。但是，由於我們對於自己建造的東西沒有徹底考慮所有的影響，我們已經陷入致命的困境，不知道該如何解決。

我們在說的是輪式機器人，也就是所謂的無人駕駛汽車（或自駕汽車）。

優步（Uber）處心積慮，想要成為自駕機器人汽車的主導者。Uber是2018年募資金額最高的機器人公司，它籌集了31億美元，比商湯科技（SenseTime，排名第二的中國公司）高出將近10億美元。顯然，投資者認為自駕汽車業有利可圖。或許這就是Uber從2018年3月的致命車禍中如此迅速恢復的原因。當時有一輛Uber自駕汽車以時速約65公里行駛，在亞利桑那州坦佩市（Tempe）撞上正在過馬路的行人。九個月後，Uber的車子又回到了街上。

Uber並不是自家機器人曾涉及致命車禍的唯一一家公司。特斯拉汽車的自動駕駛模式已經害死了三名駕駛。根據特斯拉的說法，這些汽車都只是「二級」駕駛系統，意思是，駕駛員應該時時刻刻充分瞭解駕駛及交通狀況，並且能夠隨時接手。Uber的意外則是「三級」狀況：坐在駕駛座上的人類被預期會「偶爾」可以接手控制。

這些系統可能被視為殺手機器人的原因是：我們還沒有適

長知識 ▶ **殺或被殺**

如果你想花十分鐘，幫助人類應付「機器人崛起」，不妨去造訪麻省理工學院的「道德機器」（Moral Machine）網站。

你認為，自駕汽車在各種不同的情況下該怎麼辦？你可以在網站上表達想法，它會歸納出你的價值觀。你寧可汽車殺死一名罪犯，還是三隻貓？一名懷孕的母親，還是一對老夫婦？胖子還是醫生？瑞克還是邁可？你的所有答案都會被記錄下來，並且輸入決策過程中，當現實世界裡的自駕汽車變得無所不在時，這些答案就會很有用。

當然啦，到時候，如果你希望在這類意外中倖存，你就必須選對車子。製造商開始意識到，人類對於自我保護的欲望，可能會造成無法解決的難題：萬一發生不可避免的致命碰撞，他們的車子應該犧牲中年男子，而不是犧牲孩童，除非這名中年男子是車主。簡單的說，人們希望擁有的自駕汽車，是將本身的生存擺在第一位，卻希望其他人擁有的自駕汽車，會為了挽救更「寶貴」的社會成員而犧牲駕駛。

當的架構，知道出了差錯該由誰來負責。特斯拉堅稱，喪命的駕駛當時應該更提高警覺。該公司表示，這些汽車不是自駕汽車。如果你把它們當成自駕汽車，很可能會出事，這並不是特斯拉的錯。

同樣的，坦佩市檢察官裁定，Uber對於2018年的行人之死不需負起刑事責任。不過，當車禍發生時，「安全測試駕駛員」巴絲克茲（Rafaela Vasquez）正在用她的手機看電視節目，檢察官尚未裁定，是否依過失致死罪來起訴她。

作者愛哈拉：**就是那間工廠**

 你知道那間全是機器人的工廠嗎？

 莎拉康納和魔鬼終結者打鬥，最後殺了它的那間？

 就是那間。在被剪掉的一幕裡，我們發現，那間工廠歸Cyberdyne公司所有。

 後來打造「天網」的公司？

 沒錯。詹姆斯卡麥隆（James Cameron）也把員工發現魔鬼終結者微晶片的那一幕剪掉了。

 那兩幕都出現在續集中。卡麥隆當然知道，該如何讓故事節外生枝，不是嗎？

 我知道。我看過《阿凡達》。

自主式武器系統

關於機器人在世界各地老百姓生活中的行為責任，目前為止還沒有確切的立法。我們走一步算一步。而且，令人驚訝的是，對擁有致命武器的機器人來說，也是如此。

馬斯克（Elon Musk）憂心忡忡：「在我看來，國家層級的AI優勢競爭，很可能引起第三次世界大戰。」這是他在推特上對「AI何去何從」提出的看法。在呼籲聯合國規範AI軍事用途的信函上，馬斯克是116位連署者之一。「我們再不採取行動就來不及了，」信函上寫道。

他可能是對的。在《魔鬼終結者》^{*}電影裡，我們看到各式各樣的自主式武器系統，例如戰鬥機、機器人坦克車、生化人士兵等等。「天網」能夠對它們的部署進行一些控制，但是如果一定要等待人類的指令，這些系統就不可能把事情辦好。它們必須能夠在當下做決定，這看似遵循本能，實際上卻是遵循超級迅速的資料處理。而且你可能會嚇一跳，人類已經做到上述的狀況了。

過去數十年來，武器使用自主式軟體已經愈來愈普遍。舉例來說，「射後不理」（fire-and-forget）硫磺導彈可以慣性滑行、識別敵方坦克車等目標，並且自我投擲對準目標，並不需要人為干預。

英國政府曾經承諾會始終維持「人在迴路裡」（human in the loop）：基本上，導彈以「B模式」運作，必須由人類授權才能決定發射。並非每一樣都這麼講究，尤其是在防禦的情況下。

---

* 在後來的電影裡更是如此，我們會看到，人類在不同時刻對於機器人的錯誤決策，改變了整個歷史。

三星SGR-A1是一款極具殺傷力的自主式機關槍，部署於南、北韓之間的非軍事區以及其他地區。它被歸類為「人高於迴路」（human-on-the-loop）：一旦啟動，人類可以干預以及停止機關槍發射。以色列鐵穹（Iron Dome）導彈防禦系統是全自動的：如果它偵測到導彈或砲彈接近，它會發射導彈進行攔截，無需人類插手。

這些技術嚴格來說並不是AI系統：什麼時候自動化變成自主，什麼時候變成AI，這是見仁見智的問題。但是，在其中許多技術的背後，至少都有一點智慧功能。

大家都知道，到了1980年代，美國大部分的AI研究皆由軍方資助；這就是為什麼，這個領域近來的表現如此出色。DARPA以「大挑戰」（Grand Challenge）系列競賽，掀起整個自駕汽車潮流。就連蘋果公司的Siri，也是軍事行動為士兵提供助手的副產品。

我們大概還需要幾十年，才會有完全自主、智慧、「Siri不需要你」的武器系統。但它們已經在進行了：從廣泛利用軍事無人機執行空襲，便可明顯看出。日前DARPA已宣布有意資助研究，在近距離空戰中利用AI操縱戰鬥機。目的並不是要成為自主性的殺手，至少目前來說是如此。

正如美國空軍中校賈沃塞克（Dan Javorsek）所言，「我們的設想是，未來在視距範圍內的空戰中，AI能夠應付精確的瞬間操控。」因此，還是有人類在迴路裡。但是，當AI為了保持敵人在導彈射程範圍內，將飛機操到極限時，我們很快就會達到「飛行員無法應付狀況，因而被逐出飛機」的地步。

AI戰鬥機的操縱可能非常靈活，以至於人類飛行員感受到的加速度，將會高達正常重力加速度的20倍（飛行術語稱為20G）。人類在7G或8G的加速度下往往會失去知覺，因此無人

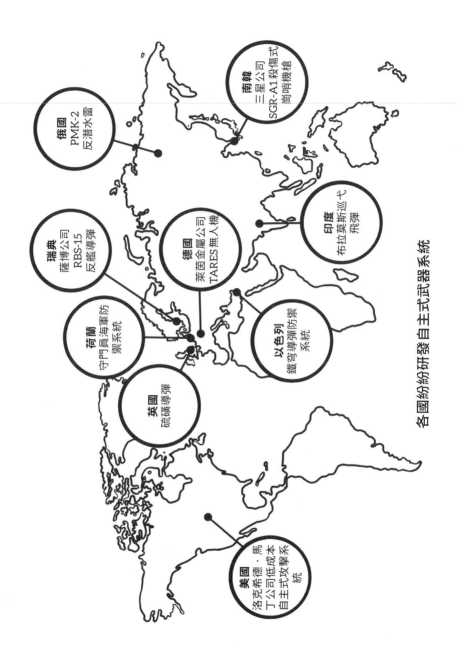

各國紛紛研發自主式武器系統

俄國
PMK-2
反潛水雷

南韓
三星公司殺傷式
SGR-A1崗哨機槍

印度
布拉莫斯巡弋
飛彈

瑞典
薩博公司
RBS-15
反艦導彈

德國
萊茵金屬公司
TARES無人機

荷蘭
守門員海軍防
禦系統

以色列
鐵穹導彈防禦
系統

英國
硫磺導彈

美國
洛克希德·馬
丁公司低成本
自主式攻擊系
統

駕駛的AI飛機很快就會建立空中優勢，快到所有人不得不跟上這股快速的潮流。

對於各種軍事領域來說，也是同樣的情況：除了向前進，別無選擇。半個多世紀以來，賽局理論演算法避免了全面戰爭，這種演算法幾乎肯定會認為，對於有能力的國家來說，參與研究工作、努力維持均勢是有意義的。

還有這些電影

在范赫文（Paul Verhoeven）執導的**《機器戰警》**電影裡，有一名受傷的警察以生化人的形式回到部隊裡。電影很具娛樂效果，但或許帶有自我省思的哲學色彩。

無論你看的是電影還是電視影集，**《西方極樂園》**都更加細緻入微，引發有關機器人權利的質疑。還有在庫柏力克的**《2001太空漫遊》**電影裡，令人膽戰心驚的哈兒，這就不用我們提醒你了。它不完全是機器人，但它在行凶決策時的沉著冷靜，使它登上好萊塢科技殺手群之首。

最後，我們忍不住想要介紹**《人造意識》**。在上一本書《科幻電影的預言與真實：人類命運的科學想像、思辯與對話》裡，我們曾經深入探討這部超棒的電影。機器人伊娃（Eva）可能具有感知能力，這部電影令我們質疑自己，在面對機器各面向的升級時，我們該如何引導它們？我們對於這部影片的喜愛絲毫未減。

除非，我們可以協調出一套限制AI武器的禁令。當年聯合國決議禁止雷射致盲武器和化學武器，現在馬斯克等人在反對自主式武器的信函上連署，期望我們應該抱持著跟當時一樣的理念。也許我們很快就會以同樣的角度看待自主式武器。但是，既然我們在世界各地部署了完全自主的「防禦」武器，恐怕很難令所有人都對「界線要劃在哪裡」有一致共識。

　　根據印度海德拉巴（Hyderabad）研究機構Mordor Intelligence的說法，我們沒有理由感到樂觀。他們在2017年針對全球軍用機器人市場的報告中指出，美國軍事支出有整整一半都花在機器人技術上。更重要的是，「美國、俄國、中國、印度、以色列和歐洲的幾個國家紛紛參加競賽，發展先進的機器人士兵。」

　　是的，如果人們想不出來該如何打造魔鬼終結者機器人，或許這才是合理的，但是在做出合理的舉動方面，人類並沒有良好的紀錄。萬一《魔鬼終結者》的劇情成真，我們也只能怪罪自己了。

　　　破解好萊塢的科幻想像

不孕症危機

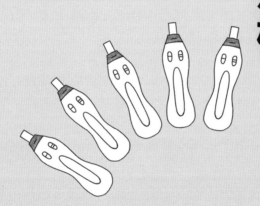

「這是二十年來第一個出生的寶寶，
你想要取名為 Froley？」
——《**人類之子**》(*Children of Men*，2006)

電影裡動不動就有人死亡：這沒什麼大不了的，對吧？當好萊塢描繪整個人類的消亡時，那才是問題大了。我們在不知不覺中慢慢陷入滅絕的危機，這正是《人類之子》電影的宗旨。

這部人類浩劫賣座大片的背景設定在2027年。電影改編自英國女作家詹姆斯（P. D. James）的同名小說，劇中的人類幾乎完全無法生育。這是個毫無希望的世界，戰爭、衝突、犯罪，以及難民危機，使日常生活籠罩著反烏托邦的陰霾。

劇中克萊夫歐文（Clive Owen）飾演的角色帝歐（Theo）遇到了一名孕婦。帝歐原本無可奈何的前景，一下子轉變了：他的人生有了新的目標，就是將這名婦女和她未出世的孩子，送往英國海邊小鎮貝克斯希爾（Bexhill）。

在電影裡，此地化身為騷亂頻頻的難民拘留中心（住在當地的居民，說不定都認不出來）*。到了貝克斯希爾，她就可以登船前往亞速爾群島（Azores），那裡有一群英勇的科學家正在試圖治療不孕症。

那麼，故事有多少內容是真實的呢？好吧，我們只能說，選在2027年真是太有先見之明了……

《人類之子》之所以令人信服，絕大部分是因為，導演柯朗（Alfonso Cuarón）決定讓未來看起來像是「非未來」的樣子。沒有噴射背包，也沒有懸浮汽車；所有布景必須反映現有科技。電影裡的世界既汙穢又陰冷，因此完全可信。我們現在可以確定，這部電影反映的是真實故事，是我們正在經歷的故事。

---

* 電影裡有一句臺詞，提到人們通常想要離開、而不是進入貝克斯希爾。我們對此不予置評，但請注意，TripAdvisor旅遊網站上，「在貝克斯希爾必做的十件事」只列了八件。

作者愛哈拉：**少數敗筆的導演**

《人類之子》是一部很棒的電影。導演柯朗是個天才。他的電影生涯中只有少數幾部敗筆。

《哈利波特：阿茲卡班的逃犯》？

是的，那是其一。

《地心引力》？

討厭那一部。

《羅馬》？

步調有點慢，不是嗎？

他的其他電影，有哪一部是你喜歡的？

《你他媽的也是》。

沒必要罵人吧？

人類可能會變得無法生育嗎？

　　2017年9月，《新聞週刊》（*Newsweek*）刊載了〈男性不孕症危機〉，這一次，頭條新聞竟然沒有過分渲染科學研究結果。更令人擔憂的是下一行字：「專家束手無策」。是的，有危機。而且，我們不知道為什麼，也不知道該怎麼辦。

如果我們打算妥善解決這個問題，我們就必須從兩方面來討論。畢竟，柯朗任意決定讓電影以女性不孕症為基礎，而詹姆斯的原著卻是以男性不孕症為根本原因。因此，我們採取平衡的觀點，讓你對精子和卵子都能徹底瞭解。我們將從最壞的情況開始說起，這樣到最後才能擁有一線希望。

精子品質下降

男人，先來講你們，你們有大麻煩了。數字會說話。第一個結果來自於丹麥在1992年的一項研究，該研究聲稱，「過去五十年來，精液品質確實下降了」：從每毫升1億1,300萬個精子，減少到每毫升只有6,600萬個精子。

不過，單單一項研究的意義並不大。這就是為什麼，美國流行病學家史旺（Shanna Swan）不相信這項結果。因此，她請了六個月的輪休假，以便檢驗丹麥人是不是被數據給矇騙了。令她震驚的是，他們並沒有弄錯數據。

她和以色列科學家萊文（Hagai Levine）從7,500項現有的研究中，挑選其中最可靠的185項來做進一步的分析。史旺和萊文在2017年7月公布他們的結果，引起普遍恐慌的反應。他們發現，1970年代初（準確來說是1973年），西方普通男性每毫升的精液中有9,900萬個精子。2011年測量這項平均值時，研究人員發現，數字已經降到每毫升4,710萬個精子。半個世紀以來，下降了52.4％。精子總數（每次射精）的下降更嚴重：下降了59.3％。

每毫升精液中的精子少於4,000萬個，才算是生育力真正受損，因此可以這麼說，我們還沒有陷入危機。但不幸的是，相關的研究人員說，他們看不出下降有趨於平緩的跡象。當史旺

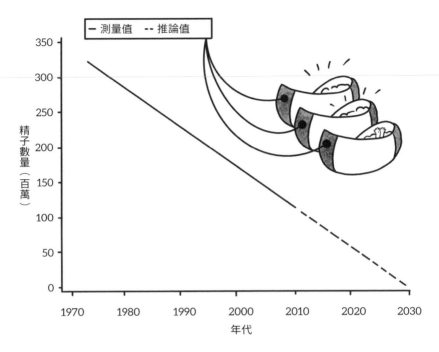

在已開發國家，男性的生育能力正以驚人的速率不斷下降。

和萊文將分析限定在1996年至2011年這段期間時，下降幅度並沒有差別。我們正在走向不孕症危機。這是個問題，因為大部分的西方國家已經面臨人口的萎縮。

關於人類的生存危機，還有另一個數字：2.1。這是為了取代成年人口、每個婦女必須擁有的平均子女數（萬一你還搞不清楚狀況：你會死亡，因此有必要被取代。很抱歉）。這個數字稱為「遞補水準生育力」（replacement-level fertility）。各個國家中，每個婦女擁有的實際子女數稱為「總和生育率」（Total Fertility Rate，TFR）。

在許多國家（在西方則是大多數的國家），TFR都低於遞補水準生育力。美國、中國、俄國、日本、加拿大、澳洲，和巴西等國家的人口都在逐漸減少。除了法國、愛爾蘭，和土耳其，整個歐洲也是如此。英國的TFR是1.88，快要沒有英國人了。

以人類整體的角度來看，我們還不到絕種的地步，但是如果維持這種情況，我們很快就會絕子絕孫。1970年，全球的TFR為4.45。2014年為2.5。用簡單的數學（以及關於線性減少

長知識 孩子不會讓你快樂

顯然，一切都在預料中；現實不如你所想像的那麼快樂。2015年的一項研究顯示，為人父母第一年的生活，比離婚、失業、喪偶還要慘。

隔年，《美國社會學期刊》提到生兒育女的「幸福懲罰」；在14個國家中，沒有孩子的夫妻比有孩子的夫妻更快樂。為什麼？因為在這些國家，養育孩子很昂貴，而且會危害事業、承受很大的壓力。以英國為例，托兒費用平均占了薪水的27%。

隨著孩子長大，幸福感會增加，但絕對達不到產前那幾個月的興奮程度。或許，還是不要自找麻煩比較好。這當然是「人類自願滅絕運動」（Voluntary Human Extinction Movement）採用的說詞，他們的成員說，如果我們選擇從地球表面消失，就可以幫助地球。畢竟，美國奧勒岡大學在2009年的一項研究發現，有了小孩之後排放的額外二氧化碳，比資源回收、不搭車改騎自行車上班節省下來的二氧化碳多了20倍。

的簡單假設）就可以計算，2023年的TFR將會達到2.1。如果這種情況持續下去，2025年就會達到2.0。接下來，恐怕就會出現《人類之子》的電影情節。

你可能正在納悶，為什麼遞補水準生育力是2.1，而不是2。問題在於死亡率：並非所有的小孩都能長大成人，而且並非所有的婦女在死亡前都會生小孩。因此，我們需要做到比「一個取代一個」稍微好一點。

我們不確定，是什麼原因導致總和生育率下降。生活方

作者愛哈拉：**婚禮的神祕嘉賓**

 最喜歡克萊夫歐文的哪一部電影？

 呃，我不喜歡自抬身價，但大概是他和我合演的那一部……

 真的嗎？我怎麼不知道……

 我的意思是，我不知道那是不是他演得最出色的一部……

 喔，我知道你在說什麼了，我不喜歡。

 我的一大段獨白頗受好評……

 他去參加你的婚禮。你是在說你的婚禮影片，對不對？

 其實，克萊夫只露了一下臉，但是他的表現很稱職。

式的選擇肯定脫不了關係。西方國家的趨勢是人們比較晚生小孩，而過了35歲，男人和女人都會面臨自然生育能力逐漸下降的狀況。

更重要的是，愈來愈多人選擇根本不生小孩。這是可以理解的：有了小孩，你的收入和就業情況都會大受影響，環境也是，而且在情感方面，不一定能獲得同等的回報。我們不想成為告訴你的人，但是生兒育女並不會讓你如想像中那麼快樂。

不過，無論我們個人對於生兒育女作何感想，正如前助產士米里亞姆（Miriam）的忠告：少了孩童聲音的世界，就不是快樂的世界了。

在電影裡，一直沒有人告訴我們，為什麼人類失去了生育能力。現實生活中，我們也還在試圖找出導致不孕問題的罪魁禍首。不過，史旺倒是找到了主要的嫌疑犯：塑膠。

塑膠是禍首

史旺和萊文發現，南美、亞洲，或非洲男性的精子數量或精子濃度並沒有明顯下降。過去幾十年來，這些地區的精子研究較少，因此難以確定各地區之間的精子品質有顯著的差異。說不定只是資料品質方面的問題。話雖如此，史旺和萊文認為（但無法證明），環境正是造成差異的原因。具體來說，是化學環境。

在西方國家，我們的生活早已離不開塑膠。它們改變了社會的各種面貌：我們的日常生活與建築用及包裝用的塑膠密不可分，無論是電腦、電視、飲料、衣服、食物、家具或其他數不清的用途。我們利用石油產品製造塑膠，並且加入大量的化學物質，使它們變得堅硬或具有延展性、透明或色彩鮮豔。其

中某些化學物質似乎具有各種不同的問題。

以雙酚A（bisphenol A）為例。它也稱為BPA，你使用的塑膠瓶可能會自豪的宣稱它們是「不含BPA」，因為BPA對你不利。BPA被歸類為「內分泌干擾物」，意思是它可以取代、阻斷或干擾某些天然的人體荷爾蒙。

內分泌干擾物對人類的影響還不是完全清楚，但動物及實驗室研究顯示，接觸內分泌干擾物會改變魚類、鳥類甚至鱷魚的繁殖成效。舉例來說，2018年，一組義大利研究人員的研究結果顯示，內分泌干擾物使某種魚類種群的生殖器官無法正常發育，導致大量魚群成為「雌雄間體」（intersex）：同時具有雄性及雌性的性器官。這樣會降低種群的整體生育能力。他們說：「以雄魚來說，在幾種野生魚類身上都觀察到精子密度、活動力和生殖力的改變。」

聽來不太妙。不過，內分泌干擾物對於人類生殖功能的影響尚未證實，主要是因為，符合人類研究倫理標準的對照研究難以進行。你總不能讓一群青春期前的小朋友接觸一大堆化學物質，只為了看看會發生什麼事吧？*

話雖如此，我們愈來愈確定，這些化學物質大有問題。世界衛生組織（WHO）說，內分泌干擾物「疑似與雄性及雌性生殖功能改變、乳癌發病率增加、孩童的異常發育型態及神經發育遲緩、免疫功能改變有關」。

WHO列出了將近800種化學物質，已知或疑似會破壞正常荷爾蒙功能。然而，對於這些化學物質，我們只研究了其中極小部分的影響。此外，目前的商業用化學物質，絕大多數完

---

* 作者經營的「Science (ish)」播客節目的粉絲都知道，邁可對於「利用隔離的嬰兒群體來做實驗」感覺如何（他對此感覺非常良好）。

全未經檢驗。因此，我們日常生活中可能存在更多未知的內分泌干擾物。尤其令人震驚的是，如果有問題，可能要經過數年（甚至數十年）才會顯現出來。

貽害多代的內分泌干擾

在美國國立衛生研究院的網頁上，有一句話提到內分泌干擾物，總結了這個問題：「研究顯示，內分泌干擾物在產前及產後初期的發育階段，當器官與神經系統正在形成時，可能構成最大的風險。」換句話說，不是你的環境影響你的生育能力，而是你母親的環境，可能早在她還沒有懷孕之前就影響到你了。歡迎來到表觀遺傳學的世界。

表觀遺傳學研究的是遺傳的變化和特徵，儘管沒有被直接編碼在DNA中，這些變化和特徵卻遺傳給下一代或更多代。正常來說，基因遺傳來自於DNA：你的鼻子可能像媽媽，因為其特有的形狀（特別可愛）編碼在她的DNA中。你和媽媽的鼻子長得很像，因為蛋白質建構你的鼻子，是根據（至少一部分）她的卵子中的遺傳圖譜。但不見得都是如此。

有時候，DNA的某些方面沒有被「表現出來」。比方說，如果來自環境的某些分子進入卵子細胞，它們可能會黏在DNA上，改變了其基因的表現方式（開啟或關閉），因此改變了根據基因圖譜所產生的蛋白質產物。這些分子包括雙酚A、己烯雌酚（DES）、多氯聯苯（PCB），以及一大堆亂七八糟的東西。受到影響的，不只是你的鼻子。

研究顯示，產前接觸某些化學物質，對兒子未來生育能力的影響，比兒子本人一生中接觸化學物質的影響還要深遠得多。不要誤會我們的意思：男孩（或男人）接觸雙酚A，可能

會影響他的精子產量。只不過，在子宮裡的那段時間（此時細胞正在拚命分裂，蛋白質正在高效的「化學湯」中空前迅速的「表現」，身體正在為生命進行重要的準備工作），出現有問題的東西就會特別敏感。

這就是為什麼，史旺及調查這些議題的許多研究人員競相投入，希望檢驗遍布環境的塑膠中的化學物質。史旺格外擔心一組化學物質，稱為鄰苯二甲酸鹽（phthalates）。這些化學物質使塑膠（及其他物質）變得柔軟有彈性，廣泛使用於各式各樣的日常用品，包括口紅、乙烯塑膠地板、衣服，以及將牛奶從牛的乳頭輸送到裝瓶廠的管子。

鄰苯二甲酸鹽非常容易從含有它們的物質中溶出，最終可能會進入我們的飲用水。這就是為什麼，我們體內全都帶有愈來愈多的鄰苯二甲酸鹽。或許這也是為什麼，我們的健康會受到一連串的影響，例如生育能力受損。

到目前為止，已知鄰苯二甲酸鹽與氣喘、癌症、糖尿病、肥胖、神經疾病等健康問題有關。當然，還有男性的不孕症。鄰苯二甲酸鹽的替代品（如同雙酚A的替代品），似乎也是問題多多。

女性不孕的原因

看來，塑膠對我們不利。但是，還有其他原因會增加男性不孕症的機率嗎？嗯，有的。騎自行車、服用類固醇、吸食毒品（尤其是菸草和酒精），以及進行化療，這些都有影響。但是很難看出，以上的任何一種，會導致過去五十年來精子品質與數量的大幅下降趨勢。如果你不相信這些與塑膠有關，那你可能有點天真。

到目前為止，我們都在關注男性不孕症危機，正如詹姆斯書中所述。但是，讓我們切換到電影的觀點，來看女性不孕症的問題。然後，我們保證會給你一些非常好的消息。你也知道，科學並不只是悲觀沮喪而已，近來實驗室的一些新發現，都可以歸類為「值得開心的理由」。

研究女性的生育能力很麻煩。首先，個別生育能力的指標，並不像男性的那麼容易找。一般來說，你可以要求參與研究的男性給你精液樣本，他並不會介意。他肯定不會有什麼痛苦。但是，你沒有理由要求女性捐卵子做分析，或是檢查她的輸卵管。這是很大的身體成本，得到的資訊也很有限。

女性不孕症最常見的原因是無法排卵：卵巢在每月生育週期的適當時機沒有排出卵子。不過，這件事情本身就有很多種可能原因，例如多囊性卵巢症候群、荷爾蒙問題，或單純只是年紀大了。婦女的生育能力往往在35歲左右就會急遽下降，因為卵巢中卵子的數量減少、品質降低。男人的生育能力也會隨著年齡而下降，但下降幅度沒那麼大。

事實上，我們對於女性不孕症原因的瞭解，遠不如我們想要知道的。因此，女性生育能力的一般指標，往往取決於總體數據，例如我們之前討論過的總和生育率。你馬上就看得出來，這是有問題的，因為總和生育率也和那些臭男人的生育能力有關。然而，這幾乎是我們目前最好的方法。

生育率高是好事嗎？

生育能力的政治意義很值得思考。你認為，總和生育率高是一件好事，還是缺乏避孕管道的指標？

在世界上許多地方，一旦婦女達到一定年齡，或多或少會

長知識 **生產報國**

當我們想到政府控制人民的生育時，我們往往會想到中國。1979 年，中國政府推出一胎化政策，要求大多數夫妻（有例外）不得擁有超過一個孩子。

當時的想法是為了限制人口增長，因此政府對違反這項政策的人祭出巨額罰款、強制絕育或墮胎等制裁。有人認為，這條法律使中國人口少了 10 億以上，因此實驗被認為很成功，或許太成功了。自 2016 年以來，中國政府已允許每對夫妻可以擁有兩個孩子，某些中國學者甚至提議徵收「無子女稅」。

奇怪的是，西方各國政府也試圖操控其人口規模。在戰後、極端貧困或兒童健康嚴重不良時期，政府曾採取各種措施，例如為每名兒童提供福利金、投資兒童保育設施、強制給付產假期間的工資等等。

2012 年，新加坡策劃了「國慶之夜」（national night）的構想，鼓勵該國的夫妻改善出生率，甚至還有一首歌[*]，歌詞中包括：「我是愛國丈夫，你是我的愛國妻子，讓我們盡公民義務生產報國。」2014 年，「為丹麥而做」（Do it for Denmark）廣告系列也設定了類似的目標。

不只是關於數字。經濟學家早就知道，優化不同年齡族群的人數有明顯的好處，這就需要進行全國規模的家庭計畫。因此，重點在於「人口紅利」（demographic dividend）。本質上，使適工年齡族群成為人口最多的族群，便可提高經濟生產力。你最不希望看到的，就是有大量的退休人口，但是缺乏人力來維持經濟的運轉。

---

[*] YouTube 上搜尋 Mentos National Night，就可看到影片。

被要求生兒育女。那些無法生育（或選擇不生育）的人，最終可能會遭到排斥甚至殺害。

如果你知道，2017年有59個國家的總和生育率為「每名婦女有三個以上的活胎」，其中有41個國家位於撒哈拉以南的非洲地區，你會如何解讀這項資訊？這樣是好是壞？即使在已開發國家，你的生育能力也對政府大大有利：政府有了工人、納稅人，甚至還有了砲灰。

到目前為止，我們討論的醫學問題稱為「原發性不孕症」（primary infertility）。但是女性不孕症最常見的形式是「次發性

作者愛哈拉：**養老院？拘留所？**

奇怪，《人類之子》真是太有先見之明了。很多事情都被它說中。

你是指英國陷入困境、成為分裂的國家，被固執己見、脫離現實的掌權者統治，只顧著驅逐尋求庇護的難民嗎？

冷靜一下，這位柯賓*。我的意思是，電影把貝克斯希爾當作難民被永久驅逐之前的拘禁場所。

你是在說貝克斯希爾的養老院嗎？

正是。

---

* 柯賓（Jeremy Bernard Corbyn）為英國工黨黨魁、反對黨領袖。

不孕症」（secondary infertility）：先前懷孕之後，無法再次受孕。

次發性不孕症通常是不安全墮胎或性傳染病造成的。這些傳染病在已開發國家往往可以得到較早期、較有效的治療。次發性不孕症影響了10.5％的婦女，但另有2％的婦女患有原發性不孕症，也就是完全沒有懷孕能力。這通常也是可以預防的。從上述數據不難看出，只要改善全球醫療保健系統，就可以從根本上改善絕大多數婦女的生育能力。

生育不平等的另一個現象是，已開發國家的婦女擁有較多的生育選擇。例如「體外人工受孕」這項了不起的科學進展，並非全世界都能普遍享有。

假如你生活在已開發國家，你就有更多機會接觸到這項由愛德華茲（Robert Edwards）和斯特普托（Patricks Steptoe）首創的技術。在許多地方，女性承受生兒育女的壓力，但體外人工受孕對大多數夫妻來說遙不可及，這是很不公平的。

克萊夫歐文飾演的角色帝歐再也樂觀不起來。「說真的，」他說：「既然婦女失去了生育能力，還有什麼好指望的？」幸好，我們並不是生活在《人類之子》的世界裡，那個世界的科學家完全束手無策。

可以冷凍多久？

儘管有併發症、費用和手術失敗等種種問題，體外人工受孕的確造福了很多人。科學其他方面的進展（塑膠除外），也會改善我們的生育能力到一定的程度，因此不太可能會出現《人類之子》的電影情景。

首先，我們現在可以冷凍卵子，這樣婦女便可安心等到年紀大一點再生小孩。這確實是一項成就。

自1953年以來，我們早已成功冷凍人類精子，當時第一個以冷凍精子受孕的胎兒，最後順利出生（這發生在美國，但美國公眾被瞞了整整十年）。我們冷凍胚胎也有一段時間了：1984年，澳洲的利蘭（Zoe Leyland）成為第一個冷凍胚胎寶寶。不過，成為利蘭的那個胚胎，只被冷凍了八週。與吉布森（Emma Wren Gibson）相比，這點時間算不了什麼，吉布森是從冷凍了二十四年的胚胎孕育而來的。如果從受孕的時間開始計算，她只比生下她的女人小一歲而已。吉布森出生於2017年11月，目前一切正常。

不過，和這些成果相比，冷凍卵子就比較難了。卵子的生物結構比精子複雜，因此在過程中受損的機率較大。它也不像胚胎（有大約100個細胞）那麼強健。在卵子中，只有一層細胞壁可以支撐裡面所有的東西。另外，冷凍及解凍卵子的成功率，目前為60％到80％，相較之下，冷凍及解凍胚胎的成功率為80％到90％。

人造子宮的可能

如果不瞭解子宮，探討女性生育的問題就不算完整。畢竟，《人類之子》的電影版本是關於子宮出了問題。科學如何解決這件事？好，首先，我們現在已經可以移植子宮了。

利用活體捐贈的子宮來生產，醫學界已經實現幾個成功的案例。萬一你不幸在車禍中喪生，目前子宮也可列入器官捐贈的名單。2018年年底，有一名巴西婦女首度產下在另一名婦女捐贈的子宮中孕育的健康嬰兒，捐贈婦女在捐出子宮前已經死亡，死因是腦溢血，當時已經45歲。受捐婦女為32歲，由於基因異常，出生時沒有子宮。移植手術歷經十幾個小時，但顯然

辛苦是值得的。

未來，我們或許有能力發明完全人造的子宮，在仿造天然的環境下孕育胎兒。但這在技術與道德方面都是極大的挑戰。

嬰兒在母親的子宮外發育，稱為「體外發育」（ectogenesis），這是生物學家霍爾丹（J. B. S. Haldane）於1924年首創的名詞。霍爾丹是另一位生物學家朱利安・赫胥黎（Julian Huxley）的朋友，朱利安的兄弟正是作家阿道斯・赫胥黎（Aldous Huxley）。

他們三人無疑曾經談到體外發育的可能性，因此阿道斯・赫胥黎才會在他1931年的《美麗新世界》（*Brave New World*）小說中表達這樣的概念。書中提到：在猩紅的黑暗中，「彷彿在夏日午後緊閉雙眼似的黑暗」，胎兒在母豬的胃壁上發育，「吸取血液替代物及荷爾蒙」。

人造子宮的第一項專利，於1955年11月核發，但是為了實現體外發育的夢想，我們還有很長的路要走。這是因為，健康的分娩有賴於極其複雜的孕期環境。

在九個月的胎兒發育過程中，子宮裡不斷變化的化學成分必須始終維持適當。除此之外，還要想辦法模仿天然人類胎盤的驚人能力，胎盤為胎兒排出廢物，提供養分、氧氣等數不清的恩賜，讓胎兒發育直到足月分娩為止。

儘管困難重重，但我們一直在努力嘗試。2000年代初，康乃爾大學的劉鴻清（Hung-Ching Liu）當時正在研究人造子宮，從真正的子宮內膜取出細胞來培育。她成功使人類胚胎在人造子宮中存活將近兩週（如果時間更長，她就會違反法律規定，科學家只能培育人類胚胎直到滿十四天為止）。但這並不表示，這些胚胎會繼續發育成為足月的胎兒。當她以老鼠胚胎嘗試同樣的方法時，胚胎幾乎都發育到足月，但每個胚胎都有明顯的畸形。

劉鴻清的人造子宮研究似乎停滯不前，但是其他人還在繼續努力。最新的研究成果是費城兒童醫院的「生物袋」（BioBag），在孕期的最後階段用來維持小羊存活。小羊在相當於人類懷孕二十三週的階段，以剖腹方式生產。在此階段早產的人類嬰兒，只有15％得以存活，但是，本來以臍帶連結養分及氧氣來源的小羊，在模擬羊水（另一種養分來源）的生物袋中，似乎發育完全正常。

　　有朝一日，這項技術可望輔助嚴重早產嬰兒存活，但絕對無法取代懷孕初期發育所需要的環境。就目前而言，不同於人造卵子或精子，人造子宮仍是遙不可及的夢想。

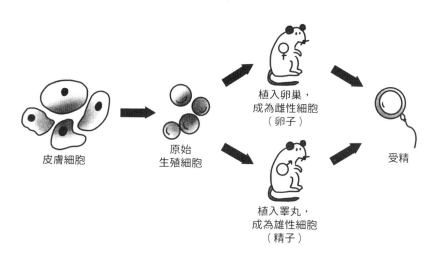

**皮膚細胞可被轉化為幹細胞，植入成年動物體內，
幹細胞就會變成卵子或精子。**

長知識　量量看你的生育力

　　我們很確定，有一項關於人類身體的重要統計數據是你還不知道的。

　　身高，知道。體重，打勾。肛殖距（anogenital distance）？不太清楚。不過，你們男生現在可能忍不住想要量量看了。

　　事實證明，肛門和生殖器（我們需要說明嗎？）之間的距離，是衡量生育能力和預期壽命的良好指標，因為男人的精子數量和死亡率之間的關係錯綜複雜。即使沒有其他健康問題，精子數量少，意味著預期壽命短：與心臟病、中風、糖尿病和骨質低的高風險有關聯。只是有關聯，沒有人知道是否有因果關係。

　　2014年有一項研究，追蹤935名男性在1989年到2011年之間的資料，結果發現：「較低的精液量、精子密度、精子活動力、精子總數和活動精子總數，均與死亡風險較高有關。」

　　精子數量少，似乎與肛殖距短有關聯。這很可能是因為，這兩項因子同樣受到子宮內的荷爾蒙環境影響。以2012年針對473名男性進行的研究為例，與已經為人父者相比，不孕者的肛殖距明顯較短。

　　如果你有興趣知道的話，肛殖距就是「從肛門邊緣到陰囊後緣」的距離：不孕者平均為36.4公釐，已為人父者平均為41.9公釐。成年後，肛殖距不會隨著年齡而改變，所以，拿出你的捲尺，去洗手間量量看吧。

誰需要卵子？

我們可以利用人類的皮膚細胞來培育卵子。理論上，就是這樣。不過到目前為止還沒有人做出來，因為道德倫理方面還沒有定論。

不過在2016年，林克彥（Hatsuhiko Hayashi）曾培育老鼠的卵子。他從老鼠身上取出皮膚細胞，利用化學處理，使這些細胞回到較早期的階段。

由於這種干預作用，這些細胞變成「富潛能幹細胞」（pluripotent stem cells），可能成為老鼠體內的任何一種細胞，例如成為肌肉、皮膚（再一次）、神經細胞或卵子。林克彥選擇將它們變成卵子，他利用某種非常特殊的化學溶液來培育這些卵子，溶液中包含來自胎兒卵巢的細胞及其他成分。

他用正常的老鼠精子使這些卵子受精，然後將形成的胚胎植入雌鼠體內。最後，雌鼠生下了八隻幼鼠活胎。誰還需要卵子？

在嘗試利用這種方法創造人類活胎之前，還有相當多的癥結點。事實上，林克彥先用4,000多個成熟卵子，得到1,348個胚胎，這些胚胎最後只生出八隻幼鼠。這有點浪費，使用人類胚胎時，可能會是個問題。

另外，取得成熟的卵子，需要胎兒卵巢細胞。理論上，這些細胞可從流產的胎兒身上取得，不過，這有點噁心，而且可能會出現畸形。林克彥的母鼠吃了八隻幼鼠中的兩隻，可能是因為，母鼠發現了牠們的異常（而且肚子餓了）。

但是我們別忘了，畸形和失敗的潛在（與真實）問題，曾導致研究機構禁止研究者斯特普托和愛德華茲利用公款進行體外人工受孕實驗。

由於《人類之子》電影如此悽慘，我們把焦點放在有趣的不孕症電影好了。有**《鴻孕當頭》**（這部電影也很感人）、**《扶養亞利桑那》**（尼可拉斯凱吉主演的笑鬧劇）、**《好孕大作戰》**、**《寶貝媽媽》**（Baby Mama）、**《寶貝喜臨門》**……事實上，看完這些就很有感觸了。

如果你想要探討不孕症的陰暗面，可以看看吉馬蒂（Paul Giamatti）和哈恩（Kathryn Hahn）在**《非孕私生活》**裡的演出。再來，當然還有**《侍女的故事》**中的反烏托邦噩夢。你知道的可能是電視影集，但是早在影集推出之前，愛特伍（Margaret Atwood）的原著就被同為作家的品特（Harold Pinter）改編成劇本，1990年拍成電影，由娜塔莎李察遜（Natasha Richardson）主演。

關於輔助生育的科幻未來電影，可以看看很棒的**《千鈞一髮》**（我們在上一本書裡曾經介紹過）和**《別讓我走》**（*Never Let Me Go*，電影裡有複製人的劇情，以及在貝克斯希爾海邊拍攝的場景）。

最後，請注意，同性戀父母在好萊塢電影裡幾乎完全缺席，儘管賦予他們生育機會的科技早已行之有年。不過，在**《性福拉警報》**電影裡，茱莉安摩爾（Julianne Moore）和安妮特班寧（Annette Bening）逆轉了這種趨勢。馬克盧法洛（Mark Ruffalo）在劇中飾演保羅，她們利用保羅捐贈的精子進行體外人工受孕，因而有了孩子，故事則是講述保羅介入她們家庭的後果。這樣很好，不妨一試，想想看，多虧有了體外人工受孕科學技術，那800萬人才能來到世上。

1978年，全球第一個試管嬰兒布朗（Louise Brown）出生，或許開啟了體外人工受孕的大門，但科學家當時並不樂見此事發生。如同許多生育研究的進展，我們可能會給予諒解，但不會批准。

　　舉例來說，林克彥利用皮膚細胞，意味著在將來，同性伴侶或許能夠擁有具有本身基因的後代。利用雄性皮膚細胞存在一些問題（那個麻煩的Y染色體，似乎使發育過程產生某種變化），但這並不是無法克服的問題。

　　事實上，不同的研究小組正利用人類皮膚細胞製造精子。舉例來說，2014年，史丹福大學的研究人員從三名不孕男性身上取得皮膚細胞，利用化學技術使這些細胞回復成為幹細胞。然後他們將這些幹細胞放入老鼠睪丸中，結果發現，它們發育成為不成熟的精子細胞。研究人員懷疑，如果將這些細胞植入人類睪丸中，它們可能會完全發育成熟。

　　兩年後，中國研究人員利用從老鼠胚胎獲得的幹細胞，培育出成熟的老鼠精子。這些精子使正常的老鼠卵子受精，產下健康的幼鼠。又過了兩年，劍橋大學的研究人員在人工睪丸中培育人類幹細胞，使它們成為原始生殖細胞。這些只是初步成果（比懸浮在膠狀物質中的性腺細胞更進一步），但他們似乎提供了適當的環境，使人類幹細胞有機會成為精子細胞。

　　我們還在努力中，但是萬一成功了，我們將會顛覆傳統的生物繁殖方式，達到前所未有的境界。也許我們永遠不需要喊出《人類之子》電影的口號：「人類的末日」。也許有一天，不孕症真的可以成為過去式。看看如今的情況，那將會是非常了不起的轉捩點。科學得一分。

第6種末日

氣候大反撲

「所有人都得到警告了，但是沒人聽進去。」

——《氣象戰》（*Geostorm*，2017）

想像這一幕。在洛杉磯某處，電影製片人砰的一拳打在桌子上，說道：「我真的很想幫忙，加強人們對於氣候變化的認識，但這樣實在他媽的太慢了。」那一刻產生的第一個後果，是《明天過後》電影裡異常加速的氣候變化。

第二個後果則是《氣象戰》。比《明天過後》（至少在概念上）聰明多了，《氣象戰》提出的問題是：原本用來拯救我們的科技，萬一適得其反，那會怎麼樣？基本上，對應於「地球氣候正在慢慢殺死我們」，我們一不小心很快就自我毀滅了。這一切，全是拜一位非常邪惡的政府官員所賜。現在，有一部電影就是在講這個主題……*

在《氣象戰》電影一開始，我們遭遇的情況是：燃燒化石燃料已經造成嚴重的影響。災難性的氣候變化已然發生，導致頻繁且具有破壞性的極端天氣，例如颱風、海嘯、熱浪，和冰風暴。因此，科學家和工程師組成國際團隊，建造了「地球工程」解決方案：一組名為「荷蘭男孩」（Dutch Boy）的衛星系統，可以在中途遏止極端天氣事件。這些衛星由伴隨的太空站控制。

顯然，與其費這麼大的工夫自找麻煩，還不如解決氣候變化本身來得更有意義。但事實證明，好萊塢想像中和現實生活中的政府，並不是真的對涉及短暫痛苦的長期利益感興趣。

關於氣候變化，或許我們應該先很快的回顧一下。物理學定律說，當你用吸收熱量非常有效的「溫室氣體」罩住地球時，你會發現，地球變暖了。其中的兩種溫室氣體是二氧化碳和甲烷。

---

* 電影的結果很糟糕，但是你不能要求十全十美。

作者愛哈拉：**最差螢幕搭檔**

你覺得《氣象戰》是不是傑瑞德巴特勒（Gerard Butler）最爛的電影？

他演過的爛電影很多，但最爛的不是這一部。應該是他和珍妮佛安妮絲頓（Jennifer Aniston）合演的《賞金戀人：Ex 檔案》。

因為那部電影，他們獲得金酸莓獎「最差螢幕搭檔」提名。

巴特勒也獲得最差男主角提名，電影被提名最差電影。

但是他們沒有贏得任何一個獎項？

沒有，那部電影連輸也輸得很難看。

　　二氧化碳是燃燒化石燃料（例如柴油、汽油、煤炭）的副產品。甲烷是「天然」氣，我們用來給房屋供暖、烹煮和發電（在許多情況下）。研究這個領域的科學家當中，現在大約有97％的人認為，與燃燒化石燃料有關的人類活動，已經使大氣中的二氧化碳含量產生顯著變化，進而使地球變暖。他們的研究均顯示，這將會導致極為嚴重的影響，例如海平面上升、發生劇烈天氣事件的頻率增加、農作物歉收、大規模遷徙等等。

　　因此，我們正在急速邁向改變時代的全球暖化。關於這件事，有沒有什麼是我們可以做的（顯然，除了抑制溫室氣體的

排放）？自從1965年，美國前總統詹森（Lyndon B. Johnson）的顧問首度提出針對氣候變化的技術方案以來，人們一直在問這個問題。這類的問題，使許多科學家和工程師振奮不已，因為答案可能是肯定的。比方說，我們可以減少照射地球的太陽輻射量。或者，我們可以增加反射量，或者……好，讓我們先從這些沉悶的方案開始，再逐步深入令人振奮的可能方案。

白色世界

首先，我們可以將世界漆成白色。這並不是萬靈丹，儘管在〈第2種末日〉章節中，我們曾建議將小行星漆成白色。那時候，這種方法是為了使即將來襲的小行星偏轉方向。這時候，則是將陽光反射回太空 —— 聽起來很荒謬，其實不然。勞倫斯利佛摩國家實驗室在2008年公布的報告中提出非常合理的觀點：將屋頂塗成白色，以及使用淺色混凝土來興建道路，可能會對氣候產生巨大影響。這樣大致相當於，使全世界所有的車子（約6億輛汽車）從道路上消失整整十八年。

那是因為地球的反照率（albedo）。反照率是表面反射率的度量。比方說，草地反射大約四分之一的入射光，而雪和冰幾乎反射所有的入射光。大部分的屋頂可反射10％至20％之間的入射光。若將這些表面塗成白色，最多可增加到30％。增白的冷卻效果意味著，只要將100平方公尺的深色屋頂以白色屋頂取代，每年可抵消10噸的二氧化碳排放量。

同理，以淺色道路取代黑色瀝青道路，可提高反射率約15％，每100平方公尺每年可節省約4噸的二氧化碳。而且，這並沒有考慮到連帶的好處：淺色屋頂吸收熱量較少，意味著屋頂下方的建築物需要的冷卻較少，這樣可以減少用電量，減少

溫室氣體的排放。這是雙贏。

　　這份報告是在十幾年前公布的，所以，我們真的在切實執行報告上的所有建議嗎？不完全是。在紐約，建築法規曾進行修改，鼓勵使用白色屋頂材料，而且還有義工幫忙粉刷，他們刷白了五十幾萬平方公尺的柏油屋頂。在加州，有些道路被漆成淺灰色，但那樣其實是為了防止道路融化，並不是為了應付全球暖化。

　　人們對於刷白世界似乎沒有太大興趣。此外，NASA資助的一些史丹福大學研究人員曾進行電腦模擬，顯示反射後的太陽光如何被大氣中的煤塵及其他粒子再度吸收，使它們溫度升高，有可能使「毛毯效應」變得更嚴重。

　　因此，有人說，反光表面需要設在高一點的地方，或許是在高層大氣。他們的建議是，在地表上空高處釋放反光的懸浮微粒。想法是在太空邊緣附近的某個地方，利用巨型罐噴出這些粒子。粒子停留在薄薄的一層空氣中，稱為平流層，它們可將原本會照射到地球的部分太陽光反射回去。

　　這聽起來雖然有點荒謬，但在你閱讀本文時，說不定已經發生了。所謂的「平流層控制擾動實驗」（Stratospheric Controlled Perturbation Experiment，SCoPEx），將在地球的高空釋放碳酸鈣粒子，嘗試將部分陽光反射回太空。初期一次只會釋放約100克的粒子，但是一開始這樣就夠了，足以驗證這個概念的可行性。

　　當然啦，這和《氣象戰》的解決方案（在太空中反射陽光的全球衛星系統）還差得很遠。但它也比較便宜，而且有可能行得通。不過，可能有一些缺點：比方說，冷卻和阻擋陽光的作用可能會太過頭，結果影響到我們種植農作物餵飽地球人口所需要的能力。

在《氣象戰》電影的第一幕，傑瑞德巴特勒扮演的角色羅森（Jake Lawson）在開會時遲到了。羅森道歉：「不好意思，」他說：「我直接從外太空飛來的。」什麼時候，我們才有辦法用這種藉口？

有人試圖使地球與太空站之間的飛行成為例行之事，不過，想要能夠隨時飛進、飛出軌道，我們還有很長的路要走。馬斯克的SpaceX公司，或許是我們最大的希望。

馬斯克展示了可重複使用的火箭，以及太空旅行的新概念：天龍號太空艙（Dragon capsule）。它可以藉由液壓吊鉤系統，與國際太空站對接，這套系統將天龍號拉近ISS的對接口，形成氣密密封。幾個小時後，氣壓達到平衡，ISS上的太空人便可穿越接口，進入天龍號領取他們的補給品。

假以時日，天龍號將可正式載送乘客。太空艙的空間可容納七人，不過，一開始會先用來載送太空人，馬斯克期望這會成為人類太空旅行的開端。

波音公司的CST-100星際航線（Starliner）、布蘭森（Richard Branson）的維珍銀河計畫（Virgin Galactic project），以及貝佐斯（Jeff Bezos）的藍色起源計畫（Blue Origin programme），也期望在2020年年底之前，載送人類穿越最後的疆界。

布蘭森的團結號（VSS Unity）將載送旅客飛往太空邊緣*，每趟飛行有6名乘客。貝佐斯的「新雪帕德」（New Shepard）

---

* 它們頂多只能飛到這麼高，而且還要收取一大筆錢。

可重複使用火箭還沒有載人飛行（連飛行員也沒有），但儘管如此，它到目前為止，已經順利完成十趟太空之旅。

波音公司的太空船還沒有試飛，但是該公司依然很有信心，他們將可在幾個月內載送人類飛進太空。宇宙通勤者的時代可能終於要來臨了。

我們接著來看比較「接地氣」的概念：「海洋雲層亮化」（marine cloud brightening）。其原理如下：雲很容易反射陽光，所以，如果能產生更亮更白的雲層，就會使「照射不到地球」的陽光量增加。該怎麼做呢？

我們可以建造機器人船，將海水從海洋表面噴到雲層頂部，這樣雲層的頂部就會成為又亮又白的反射面。我們還不知道這樣是否行得通。雲層反射是我們用電腦模擬氣候的弱項之一，因此，即使假設我們真的有能力完成，我們也不知道，雲的亮化會有多大效果。從好的方面來看，姑且試試看，可以提供我們雲反射的資料，進而提高氣候模式的準確性。

等一下，另一組未來的氣候工程師說。為什麼我們不乾脆用鐵粉覆蓋海洋表面？這樣會長出多一點浮游植物。這種生物本來就自然存在於海洋上層，是很好的二氧化碳吸收劑，所以愈多愈好，對不對？當然，照射到海洋深處的光量可能會有問題[*]，但是沒辦法，我們必須解決氣候危機。

其實我們已經試過這種方法，儘管是不道德且非正式的。

---

[*] 大問題。可能是超級大的問題。我們在說的是海洋食物鏈的最底層。可是……

早在2012年，總部位於溫哥華的海達鮭魚復育公司（Haida Salmon Restoration Company）曾將90噸的硫酸鐵倒入北太平洋，企圖刺激浮游生物大量繁殖。

這招確實有效，在NASA的衛星圖上看得到浮游生物，但我們不知道有多少二氧化碳被吸收（如果有的話）。先前的一些實驗顯示，效果其實很小，說不定根本沒效果。就算效果再好，我們也需要每年將數百萬噸的鐵化合物倒入海洋。無論如何，這似乎不是個好主意。

所以，或許我們應該種植更多吸收碳的植物？這是個好主意，但是現有的所有植物，只儲存了大約三分之一的碳排放量。一棵十歲的樹，每年可吸收大約20公斤的二氧化碳。我們需要使用的土地，多於可用的土地：要在總面積相當於亞洲、澳洲，和歐洲加起來的土地上種植森林，才能抵消掉所有的碳排放量。

除此之外，並非所有的作用都會有幫助。樹葉的顏色比其他植物的顏色深，因此會增加熱量吸收。而且，因為樹木實際上會散發某些揮發性化合物，反而有助於全球暖化，所以有小小的反效果。

或許，我們可以發明某種技術，直接從大氣中抽出二氧化碳，然後儲存在密閉的地下洞穴中？我們還沒有這兩種技術，但是工程師正在研究。

不過，我們得祈求老天保佑，因為，即使我們有能力從空氣中抽出二氧化碳，地下儲存也有很大的風險。萬一發生地震，突然釋放出數百萬噸的高效溫室氣體，那該怎麼辦？工程師正在想方設法將二氧化碳電解為碳和氧，但是，我們目前還沒有任何處理流程，足以達到所需要的工業規模，因此無法產生顯著的差異。

天啊，真的好難。或許，我們終究還是應該建立平衡天氣的衛星系統。

　　為什麼我們不能建立保護性的衛星艦隊？

　　《氣象戰》電影裡的「荷蘭男孩」衛星系統，令人印象深刻，但是，構成全球定位系統的衛星網路也很厲害，讓你的手機具有導航功能。事實上，我們現在很依賴衛星，這就是為什麼，衛星科技會如此發達，也是為什麼，我們實在不想效法許多國家目前正在探索的途徑：如何取得別人的太空工具。正如我們在〈第2種末日〉所看到的，太空不只是最後的疆界。太空

作者愛哈拉：**取名的藝術**

科學儀器取名為「荷蘭男孩」，簡直爛透了。

我看過更爛的。有一種維多利亞時代的望遠鏡，叫作「帕森城的利維坦」（Leviathan of Parsonstown）。

這個我喜歡。至少顯得有點想像力。不像什麼「超大望遠鏡」。

或「超級大望遠鏡」。

沒錯，還有「大型強子對撞機」（Large Hadron Collider）。

其實，那樣很聰明。科學家選用這個名字，用來製造一些很好笑的拼字錯誤。

也可能是最後的戰場。

令人欣喜的是，《氣象戰》如此樂觀看待各國和睦相處的能力，為了人類的利益，共同建設並且分享進步的成果。人類團結在一起，各國不再一心只想維護本身的利益，此情此景令人感動。然而，這可能是這部電影最不切實際之處。

現實世界的問題，要從史普尼克人造衛星說起。蘇聯於1957年10月發射這顆球形衛星，震驚了美國，使美國加速進行本身的衛星計畫。一個月後，史普尼克二號搭載可憐的小狗萊卡（Laika）進入軌道，加深了美國的自卑感。到了12月，美國已經準備就緒（它這麼認為）。不幸的是，美國發射的第一顆衛星，僅僅上升到離地面1公尺便掉落地球墜毀了。真是尷尬。難怪後來的太空競賽，很快就變成了吹噓大賽。

氣象戰也是政治戰

如今，有將近5,000顆衛星在地球周圍的軌道上。並非所有的衛星都在運轉：大約有2,900顆衛星現在成了無用的垃圾。每星期一次，其中的一顆衛星掉出軌道，在大氣層中燒毀或掉回地球。

但是，這仍意味著，有將近2,000顆運轉中的衛星在環繞著地球。它們代表了12個不同國家的太空野心，而這些國家彼此之間仍存在許多衝突與懷疑。

比方說，中國和美國擔心彼此的太空計畫。沒有人對北韓或伊朗操作的衛星有好感。唯一的曙光是，歐洲太空總署（ESA）倒是展現出拋開民族自尊心的可能性，有機會實現大型、和平、推動人類進步的計畫。

ESA的衛星計畫大都由科學目標推動，例如普朗克望遠

鏡，使我們有能力洞察宇宙的歷史與結構。它的「太陽與太陽圈探測器」（Solar and Heliospheric Observatory，SOHO）旨在告訴我們，關於太陽及其附近環境的更多資訊。但ESA也有非常實用的計畫，以地球為主，例如伽利略定位系統，這套跨國的衛星系統將會改善導覽我們腳下這片大地的能力。

在許多方面，伽利略定位系統最接近《氣象戰》電影裡的「荷蘭男孩」。目前我們擁有導航衛星，但它們都是由單一國家營運：中國有北斗衛星；俄國有格洛納斯衛星；美國有全球定位系統。其他國家使用這些系統則是按照協議（而且要付費），但控制權仍然屬於衛星的所有國。

精明的歐盟意識到，它的國內生產毛額有大約7%仰賴衛星導航，因此一直在尋求建立它自己的衛星系統，以便減少依賴其他國家的善意。這就是為什麼，它與ESA共同創立「歐洲全球導航衛星系統局」（European Global Navigation Satellite Systems Agency，GSA）。GSA的伽利略定位系統將可結合格洛納斯衛星及全球定位系統交互操作，建立真正的跨國導航系統。

這樣的太空技術國際合作，不該被視為理所當然。如同《氣象戰》明確指出，要達成合作很不容易，要破局卻是輕而易舉，因為每個國家都對其他國家的衛星有疑慮。

而且有充分的理由。在1963年之前，當時俄國正在建造及測試「戰鬥衛星」（Istrebitel Sputnik）。它有17具推進器，可以趨近軌道衛星將其摧毀。1970年，俄國證明它可以攔截並且摧毀衛星。當時冷戰正如火如荼進行中，美國忙於本身的「星戰計畫」（Star Wars program），這項計畫（理論上）涉及從軌道衛星發射雷射光，以及其他技術。

「星戰計畫」從來沒有真正實現，但中國已經證明它可以從地面摧毀衛星，俄國則是部署了神祕的可操縱衛星，該衛星目

前已經進入軌道。它偶爾會改變軌道，改變的方式顯示，它的目的是用來趨近其他衛星，使它們失去功能。因此，我們可以大膽假設，世界超級大國對彼此的衛星非常感興趣，但原因並不是為了建立全人類的和平、愛，與保障。

氣候的臨界點效應

然而，衛星是「兩用」技術，分別是軍用和民用，而衛星在監測氣候方面的角色大致上是民用。

衛星遠從太空監測，視野基本上不受限制，也不需倚賴地面上的儀器，這些儀器安裝在偏遠地區或漂浮在海洋時，可能會出現問題。從地面溫度到天氣系統到雲量到海平面測量到大氣狀態，全球的160顆氣候監測衛星提供源源不絕的資料，告訴我們氣候如何變化，以及主要的問題區域可以在哪裡找到。

地球是我們的家，對於地球的狀態，以及它的（和我們的）未來可能會是什麼樣子，我們掌握的資訊是前所未有的。遺憾的是，這不一定是好消息。

衛星揭露的其中一件事情是：《明天過後》式的臨界點確實有可能存在。這部電影受到嚴重的批評，因為它描述氣候在一夜之間發生災難性的變化。但是，科學家早已承認，可能會有一連串的狀況，聯合導致連鎖反應，使我們超出臨界點，陷入極端的情景。

有個地方可能會發生這種情況，那就是西伯利亞及其他北部地區的永凍層，由於全球溫度升高，永凍層正在逐漸融化。大量的溫室氣體埋在永凍層底下的冰封土壤中，永凍層一融化就會釋放出來。預測顯示，在本世紀，北緯地區的「大融化」將會釋放出多達100億公噸的碳。這將使覆蓋地球的溫室氣體濃

《氣象戰》的口號是「控制天氣，就能控制全世界」。這是關於地球工程應該「三」思（甚至更多的思考）的充分理由。想像我們能夠利用科技來控制氣候。我們應該維持在什麼樣的溫度，由誰來決定？光是家庭裡的空調設定就夠我們吵的了。想像一下，如果這是聯合國的辯論主題，那還得了？

而且，萬一產生意外的後果呢？我們是否有把握，貿然實施全球冷卻計畫，計畫本身不會產生無法預期的災難性影響？而且，難道我們有做這種事情的潛力，就代表我們不用靠著比較麻煩的方式，像是減低碳排放量來拯救我們？如果公眾聽到風聲，以為地球工程是無痛良方，可以解決使全球各地遭殃的所有極端天氣事件，說不定會更吸引他們支持這個方法。

以上這些問題，並不代表我們不該考慮地球工程。事實上，許多專家說，種種的未知數正好說明，為什麼我們需要現在開始進行試驗（小規模），以便證明哪些方法可行、哪些不可行。他們認為，用這種方式，下一代才能做出明智的判斷，決定實施或禁止其中的某些技術，以免為時已晚。

度升高，進一步加速全球暖化。

至少，那是可以預知的。2018年年底，瑞典的研究人員指出，氣候的臨界點效應，有很多情況可能會讓我們嚇一跳。比方說，加拿大冰川節節後退，已經導致河流的流向改變。如果這種情況發生在不該發生的生態系統中，可能會引發一連串的災難性後果。

氣候科學家最擔心的事情，可能是大西洋溫鹽環流的中止。溫鹽環流負責帶動海水在地球的所有海洋流動，目前環流強度正在逐漸減弱。如果溫鹽環流完全中止（我們還不確定會不會），冷、暖洋流的變化將會迅速改變全球的氣候。

這樣的突發事件可能毫無預警。比方說，沒有人預見北極海冰的融化。正如英國皇家學會（Royal Society，世界上最古老的科學學會）的傑出學者所言，「我們正走向未知的領域，不確定性很大」。因此，或許《明天過後》並非全然荒謬。

作者愛哈拉：**最好也是最壞的臺詞**

 電影中，你最喜歡的角色是誰？

國務卿。他的壞蛋臺詞是有史以來最好的。

「最好的」，你是指「最壞的」吧？！

沒錯。例如，「你說『種族滅絕』，我說『先發制人』。」

 還有這句很經典：「我要把時間調回到1945年，那時美國是高高在上的光輝城市，而不只是偽裝成國家的銀行？」

很好，但不如「科學只不過是在假扮上帝，而且有時候，上帝也做得不怎麼樣」。

 事實上，我們見過幾隻實驗室白老鼠，我覺得牠們也會認同。

好啦，是很荒謬。但這樣也好：假如災難性事件不可能在一夜之間發生，說不定在發生之前，我們還來得及出手干預？

人類有可能控制天氣嗎？

「多虧有了衛星系統，自然災害已經成為過去式，」安迪賈西亞（Andy Garcia）飾演的美國總統在《氣象戰》電影中宣稱，「我們可以控制天氣。」

嗯，對啦。諷刺的是，世界氣象組織（World Meteorological Organization，WMO）的那些老古板，可能會給你澆一大盆冷水。你想要改變天氣，還不都是為了人類的福祉！他們的反應大概會像這個樣子：「天氣系統涉及的能量如此龐大，我們根本不可能興雲致雨，改變風向將水汽帶進某個地區，或是完全消除劇烈天氣現象。天氣改造技術號稱能夠實現如此大規模或戲劇性的效果，並沒有合理的科學依據。」

他們八成沒看過《氣象戰》。但也並非全然悲觀沮喪。他們說，我們或許能夠做的，就是在某地區增加降雨、減低冰雹災害、使霧消散，甚至稍微改變風暴路徑。

野心勃勃、勇於嘗試的中國已經在進行了*。舉例來說，他們政府的科學家正在努力研究人造雪。首先，在燃料燃燒室中產生一些碘化銀粒子，形成熱空氣上升氣流。粒子上升進入大氣層，用來充當「種晶」，意思是，冰比較容易在它們的周圍形成。簡單來說，就是加速雪花的形成。

你會很驚訝的發現，這些雪並不是為了應付氣候變化，甚

---

* 基本上，他們想做什麼都做得到。

至不是為了滑雪，而是為了農業。在實施人造雪的地區（主要是青藏高原），嚴重的缺水影響農業，使農作物收成減少了約2,000萬噸。據《南華早報》報導，這項計畫可增加雪和降雨多達約100億立方公尺，占了中國年度總用水量的7%。

「種雲」是具有爭議性的概念，你知道的話應該不意外。它長久以來被比擬為偷取資源；可想而知，那些雨原本可能會下在其他國家，幫助他們的農作物生長。

印度和巴基斯坦也曾經利用種雲技術來做實驗，由於政治和經濟後果而不了了之。普遍預測，水的爭奪將是造成下一次

1. 利用飛機或是在地面釋放碘化銀冰晶核。

2. 碘化銀導致冰晶在目標雲層中形成與成長。

3. 冰晶落下，成為雪或是促進降雨。

人造雨

全球衝突的根本原因。這意味著，利用碘化銀粒子來促進降雨或降雪，有一天可能會被視為戰爭行為。

如何破壞風暴？

然而，不只是關於雨和雪。比方說，還有風暴破壞（storm-busting），就如同我們在《氣象戰》電影裡所看到的。不得不說，WMO根本不相信會有這種可能。美國國家海洋暨大氣總署（NOAA）也不相信。在他們的網頁上，他們的態度很明確：「也許有一天，有人會想出辦法，利用人為方式減弱颶風，」他們說：「這是很誘人的概念。如果我們做得到，那不是很好嗎？」

用那種懷疑的語氣是因為，我們已經嘗試過了。從1960年代初開始，數十年間，美國政府試圖利用碘化銀來改變颶風內部的狀態，這項研究稱為「破風計畫」（Project Stormfury），但是功敗垂成。

還有人提出其他的建議方案，例如：引入冰山來冷卻地表水層，驅散風暴的能量；用氫彈將颶風吹散；在水上滴油，抑制水汽進入颶風；用巨大的風扇將風暴吹走……等等。結果，在現實世界裡，這些技術沒有一個行得通。

那是因為一個簡單的因素：能量。這些風暴蘊藏了極為龐大的能量，大約相當於核彈釋放的能量。想要驅散那樣的能量（尤其是，當能量蘊含在風中和水中時），目前來說根本不可能。NOAA說：「也許，等到人們能夠以接近光速在星際間旅行，那時候我們才會有足夠的能量，可以強行干預颶風動力。」

他們建議，在那之前最好的辦法，可能是學習如何與風暴和平共存，例如，在容易遭受風暴侵襲的地區建造更安全的住

宅。或是，我們可以抑制溫室氣體的增加，因為更多的溫室氣體會使風暴的發生更頻繁，而且更危險（但有人可能早就建議過了）。

或者，當然我們也可以嘗試用雷射光。畢竟，他們在《氣象戰》電影裡就是這麼做的。只有少數人認為這種概念或許可行，但它愈來愈受到關注。例如，日內瓦大學的沃爾夫（Jean-Pierre Wolf）教授正在利用雷射光製造雲團，誘發或轉移雷擊。

到目前為止，這結果只發生在他的實驗室中，但還是令人印象深刻，特別是閃電的控制。雷射光將路徑空氣中的原子外層電子剝離，這樣的電荷變化，足以使閃電轉而沿著特定的軌跡前進，將損害減到最低。WMO 對這個主題很感興趣，曾舉辦一系列的相關會議。

沃爾夫並不是特立獨行的局外人：他是屢獲殊榮的科學家，也是現實生活中《氣象戰》的主角羅森。不過，這項研究

作者愛哈拉：**買股票**

如果你不得不實施一種地球工程技術，那會是什麼？

還用問：可以阻止閃電的雷射光。你呢？

我會讓全世界把屋頂漆成白色。

沒意思。為什麼？

因為我有多樂士（Dulux）油漆公司的股票。

仍處於早期階段；連沃爾夫也還無法阻止風暴。這意味著，我們仍然需要妥善因應我們正面臨的風險。

在電影中，衛星系統可能會產生異常天氣事件。這就是為什麼，我們看到巴西有些地方整個結冰，而俄國莫斯科卻在熱浪中烘烤，杜拜則是被超級大的海嘯沖垮。如前所述，我們目前的科技根本沒有那種能力。但是，氣候變化可能會有這種能力嗎？

劇烈風暴一直都存在，而且目前比有紀錄以來的任何時期更加頻繁。但是，那樣依然不能證明，人類對於氣候的所作所為是原因所在。然而，根據我們對於風暴及其他極端天氣如何產生的瞭解，我們完全有理由相信，全球暖化正是造成極端天氣頻率及強度增加的罪魁禍首。那麼，世界變暖了，事態可能會有多嚴重？

極端天氣事件會造成多大的威脅？

首先要注意的是，天氣事件是極為複雜的系統，是由一大串的因素所造成的結果。舉例來說，如果我們考慮溫度升高對風暴的影響，就有海溫、氣溫、不同區域之間的溫度梯度……以及更多更多的因素需要考慮。

颶風的形成，始於來自溫暖海洋的水汽上升，凝結形成雲層並釋放熱量。這些熱量驅動更多上升氣流，使雲層變得更厚更廣。隨著過程持續進行，由於雲層頂部和底部之間的溫度差異，造成風速愈來愈強。終於，颶風形成了（颶風只在大西洋或東太平洋上空形成；順帶一提，在其他地方，它們稱為颱風或氣旋）。空氣不斷上升，使下方成為低壓區，導致氣流從周圍區域湧入。

這些空氣變得又熱又濕,空氣又上升,這樣的過程持續進行。同時,上升的空氣在高層大氣形成積雨雲。在拉丁語中,積雨雲意指「堆積暴雨」(heaped rainstorm,也稱為 thunderheads)。基本上,積雨雲是壞消息,而流動的空氣促使積雨雲旋轉,到最後整個形成渦旋,在北半球以逆時針方向旋轉,在南半球以順時針方向旋轉。

　　有一大堆有趣的數字,與熱帶氣旋有關。首先,當它們產生的風速達到每小時119公里以上,才稱為颶風。自1980年以來,產生風速超過每小時200公里的風暴,數量倍增(產生每小時250公里以上風速的風暴,數量變成三倍)。

　　另一項有趣的事實是:風速每小時250公里的風暴,其破壞力是風速每小時200公里的風暴的兩倍,因為空氣運動的能量隨著速率的立方而增加。而且,颶風產生的風速變得愈來愈強:專家預估,到了2100年,不斷升高的溫度,將使風暴產生

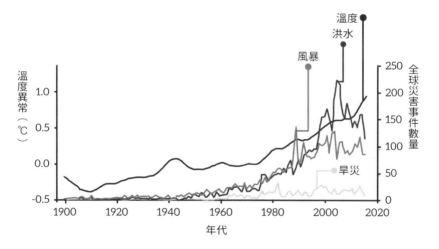

全球氣溫上升,意味著極端天氣變得愈來愈常見。

的風速達到每小時370公里。到那個時候，海平面可能會高出3公尺，使風暴潮的破壞力足以威脅沿海城市。

那些離赤道太遠、沒有遭遇過熱帶氣旋致命影響的城市居民，最好不要沾沾自喜。不斷變暖的海洋意味著，風暴侵襲範圍每十年就會往赤道以北或以南延伸50公里。

由於又熱又濕的空氣是驅動此過程的引擎，因此不難看出，較高的溫度使熱帶氣旋較容易形成。更糟糕的是：整體溫度的升高帶來雙重打擊：海洋會更容易蒸發，而且空氣可容納更多水汽。如今，大氣可容納的水汽，比四十年前多了4%。這樣聽起來似乎不算多，卻可以使風暴造成的後果嚴重多了：實際上，會有更多的水傾瀉在紐奧良或印度喀拉拉省（Kerala）之類的地方。

不過，發生洪災的機率增加，並不是這些變化的唯一後果。降雨和風暴集中在少數幾個地方，而且集中在少數幾天或幾星期，意味著其他地方會遭受乾旱，對農作物造成損害，或是發生嚴重野火。通常降雨會平息乾旱或野火，但如今降雨轉移到其他地方去了。

然後還有熱浪。改變大氣的成分，以及升高氣溫，可能會在某些地區造成極端的氣候，那些地區的大氣條件意味著沒有雲層覆蓋，也沒有雨水或地下水可形成雲層。

2018年，日本由於連續幾天的熱浪，創下有史以來的驚人最高溫度41.1°C，有2萬2,000人被送往醫院。而在此之前才剛發生極端降雨，造成200人死亡。

根據一群自稱「世界天氣歸因組織」（World Weather Attribution，WWA）的研究人員指出，與前工業時代相比，全球暖化已經使全球某些地區產生熱浪的機率倍增。

在特定地區，發生熱浪的風險更高。澳洲新南威爾斯省在

還有這些電影

　　這是時代的象徵。近年來的相關電影有**《明天過後》**：氣候變化突然達到臨界點，紐約進入冰河期。**《地心毀滅》**探討萬一地球的核心停止攪動，我們就會大難臨頭；以及**《末路》**（*How It Ends*），是一部講述自然災害威脅地球的電影類型，模模糊糊呈現「世界出了什麼問題」，結果不是很令人滿意。

　　還有離譜到自成一格的**《2012》**：瑪雅文明預言，2012年將迎來世界末日。本片對於科學細節特別不講究，因為招致世界末日的起因，只能用一場科學災難來形容。「微中子正在發生變異，」一位物理學家（想必是精神錯亂）喊道。

　　對於這句話的最佳評論，可能來自於喜劇演員奧布萊恩（Dara Ó Briain），他原本是粒子物理學家。正如他所指出的，微中子是充分已知的次原子粒子，根本不會發生變異。「它們的結構是宇宙結構的基礎，」奧布萊恩說道：「它們不可能會改變。」他說不定還撂下一句：「電子生氣了。」

2016年及2017年的夏季曾發生嚴重的熱浪，WWA認為，氣候變化使類似的熱浪發生機率變為50倍。原本應該每五十年才發生一次的事件，現在正逐漸成為常態。事實上，更糟的是：達到的最高溫度，每五年會增加2°C。

　　WWA的共同創始人奧托（Friederike Otto）表示，這種情況有點像是吸煙與肺癌的關係。我們早在可以證明之前，便懷疑

吸煙是肺癌的誘因。但是漸漸的，隨著我們累積大量的統計數據，這種模式開始出現。到最後，兩者的關聯變成顯而易見，現在沒有人否認吸煙是肺癌的主要原因。

　　總是會有例外：從未吸煙的人死於肺癌，或是七十五年來每天吸90支煙的人活到極高歲數安詳離世。但那樣並不能改變吸煙導致癌症的事實。正如我們不能說，大氣變暖或海溫高導致某一場特定的風暴；但我們可以說：（a）它們可能是主要因素，（b）那場風暴並非久久才發生一次的異常事件，除非我們對全球暖化採取某些行動。例如建置破壞風暴的衛星系統。或是，只要減少溫室氣體排放就好了。那個方案，我們已經提過了吧？

　　　　破解好萊塢的科幻想像

第 **7** 種末日

夜夜不成眠

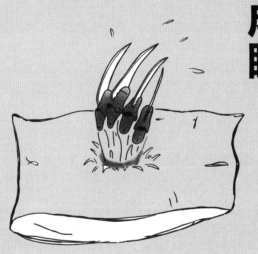

「南西，如果它殺了我，今晚妳就可以睡一會兒了。」
——《半夜鬼上床》（*A Nightmare on Elm Street*，1984）

在《半夜鬼上床》電影裡，有一個面目猙獰、手指有如利刃的不死怪物，名叫佛萊迪（Freddy Krueger），夜夜出現在一群青少年的噩夢中。佛萊迪之所以糾纏他們，是因為他們住的房子，正是當年佛萊迪被鄰居活活燒死的地方。如果他們睡著了、開始做夢，佛萊迪就會窮追不捨。如果佛萊迪抓到他們，就會殺死他們。

電影上映已經過了幾十年，但是看起來還是很可怕。事實上，幾乎和我們不睡覺時會發生的事情一樣可怕。如果你曾經遭受失眠之苦，你就會知道，睡眠不足可能令人生不如死。失眠令人疲憊不堪（這還用說），同時也令人衰弱、沮喪、瘋狂、失魂落魄，最後甚至會致命。

諸如《針鋒相對》（Insomnia）等電影，刻畫了缺乏睡眠的某些影響，但《半夜鬼上床》為我們提供了睡眠相關問題的完

作者愛哈拉：**整天都想睡**

 你怕不怕恐怖電影，邁可？

怕啊，尤其是這一部。

 是因為「牛排刀手指」？還是佛萊迪那張恐怖猙獰的臉？

一想到不睡覺，就覺得很可怕。睡覺是我一天到晚都在想的事情。

 你真的準備要長眠不醒了，是不是？

整大雜燴，包括人類千百年來遭受的一連串慘痛經驗。

別躲在沙發後面了，出來吧！我們要開始了……

睡眠如何演化而來？

為什麼要睡覺？我們對此依然知之甚少。真的。但是我們不會就此罷休。相反的，先來看看我們是否真的需要睡覺。

研究人員花了數十年的時間，試圖回答這個問題。首先是尋找「不睡覺也可以活」的動物，其次則是研究「一段時間不睡覺」的動物會怎麼樣。

第一項任務徹底失敗。似乎沒有不睡覺的動物（至少是高等動物）。連秀麗隱桿線蟲（*Caenorhabditis elegans*）這種蠕蟲，大腦只有302個神經元，也會有安靜不活躍的時候，看起來很像在睡覺。果蠅的演化程度稍微高一點，牠們是很好的例子，可以證明睡眠的必要性：缺乏睡眠，牠們記憶氣味的功能會變差，而且變得遲鈍。

我們知道果蠅會睡覺，因為我們發現，牠們在維持不動幾分鐘之後，明顯變得對刺激比較沒有反應。研究人員還發現，在這段期間，牠們的腦電活動發生了變化。除此之外，大腦細胞產生的蛋白質種類，在此睡眠階段也會發生變化，如同哺乳動物大腦中發生的情況。換句話說，我們可以確信，果蠅有時候會睡覺。

逮到海豚正在打盹，這比較難。不是因為牠們不打盹，而是因為牠們演化出非常厲害的絕招。牠們每次只會有一半的大腦在睡覺。這種「單半球式」睡眠使海豚保有意識，能察覺牠的環境及蘊藏的危險。當某一邊的大腦休息夠了，就會醒過來，換另一邊進入睡眠狀態。其他許多海洋生物也演化出同樣

的功能，這強烈暗示，雖然提防掠食性動物似乎是頭等大事，但睡眠也一樣重要。

不過，人類為了讓自己睡得更好而演化出來的招數，在海豚身上偶爾也看得到：牠們會派出警衛。已經發展出密切關係的成對或成群海豚，會彼此信任，輪流睡覺，另一隻（或其他隻）海豚則保持警戒。

所有這些證據都顯示，睡眠行為在自然界中如此普遍，肯定早在地球生命史初期就演化形成了。我們的最佳猜測是：睡眠至少有七億年的歷史。因為七億年前的古海洋蟲類杜氏闊沙蠶（*Platynereis dumerilii*），似乎具有睡眠週期的原始組成。

這種沙蠶的幼蟲具有原始眼（primitive eye）：一種感光細胞，對光有反應而產生電信號。原始眼伴隨著色素細胞，當感光細胞偵測到光時，它會產生電信號，使幼蟲的毛規律運動，幼蟲便可向上游動。

在此同時，色素細胞產生褪黑激素，在陽光下變暗，阻擋部分光線照到感光細胞。結果，幼蟲在白天時游到海洋上方，但色素細胞在長時間接觸陽光之後變暗，最後會終止電信號。幼蟲停止游泳，於是掉回到黑暗的深海裡，直到第二天來臨。生物學家認為，這種週期性運動有助於保護幼蟲，避免受到掠食性動物及過多紫外線輻射的傷害。

杜氏闊沙蠶是一種奇特有趣的生物。基本上，牠們可說是三、四公分長的卵袋或精子袋（視其性別而定）。若將一公一母放在同一個碗中，牠們的費洛蒙會導致牠們瘋狂舞動，接著便排出卵和精子。片刻之後，碗裡出現一堆正在發育的胚胎，還有兩隻死掉的成蟲。演化可真是殘酷。

人類通常不會在性交之後死亡，對我們來說，這是演化帶來的好運，因為我們和沙蠶似乎有關聯，我們有共同的祖先。

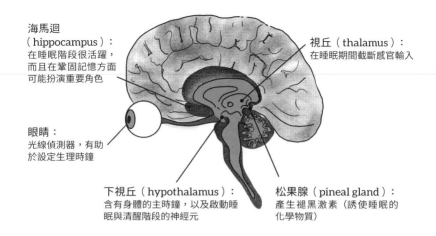

海馬迴
（hippocampus）：
在睡眠階段很活躍，
而且在鞏固記憶方面
可能扮演重要角色

視丘（thalamus）：
在睡眠期間截斷感官輸入

眼睛：
光線偵測器，有助
於設定生理時鐘

下視丘（hypothalamus）：
含有身體的主時鐘，以及啟動睡
眠與清醒階段的神經元

松果腺（pineal gland）：
產生褪黑激素（誘使睡眠的
化學物質）

大腦中聯合控制睡眠的各個部位。

我們會這麼認為，是因為沙蠶含有的生理機能，看起來非常類似在人腦中發現的某些結構。

舉例來說，這種蟲的腦中含有某種東西，可對應到人類腦中的松果腺。這裡就是產生褪黑激素的地方，而褪黑激素是啟動睡眠—清醒週期的重要化學物質。此外，涉及「分子指紋」技術的偵測研究顯示，這種蟲的光接受器，與人眼視網膜中感應光線的視桿細胞和視錐細胞有密切的關聯。

因此，關於睡眠從何而來，以下是我們的最佳猜測：由於某些海生蟲類的演化作用，哺乳動物的大腦會在光線變暗時產生褪黑激素，關閉我們的清醒狀態。

不過，這些都無法精確解釋，睡眠對我們的影響。是的，睡眠顯然有特定的目的，因為它無所不在。但是，我們睡覺時發生了什麼事？為什麼《半夜鬼上床》裡的南西不睡覺，就不

能破解佛萊迪對她的控制？

不睡覺會怎麼樣？

我們已經注意到，當果蠅缺乏睡眠時，在精神上和生理上都會變遲鈍*。這點任誰也不會感到驚訝。畢竟，時差或過度疲勞是什麼樣子，我們都經歷過。但是，1983年利用大鼠所進行的實驗，正好可以說明這種狀態有多危險。

瑞赫夏芬（Allan Rechtschaffen）和他的同事將兩隻大鼠放在某種巧妙卻殘忍的裝置上。該裝置有一個圓形轉盤，擺在水箱上，並且用隔板將兩隻動物隔開。其中一隻大鼠的大腦裝上電極，與某種設備連線，每次大鼠一睡著，圓盤就會開始旋轉。

如果這隻可憐的動物（姑且稱牠為「大鼠A」）還是一直睡，圓盤會把牠帶到隔板處，大鼠A就會掉進水裡。大鼠A如果不想掉進水裡洗澡，唯一的方法，就是沿著圓盤轉動的反方向走。換句話說，大鼠A根本不可能多睡一會兒。

大鼠B比較幸運。當大鼠A清醒、圓盤靜止不動時，牠可以睡覺。當大鼠A睡著、圓盤開始轉動時，大鼠B可以神清氣爽的醒來，開開心心沿著圓盤轉動的反方向散步。

大鼠的運動，每天加起來大約要走1.6公里。大鼠A的睡眠被剝奪，筋疲力盡，不到五天就死了。

在進一步的實驗中，不同版本的大鼠A活得比較久，足以撐過實驗，但牠們總是出現嚴重的創傷。牠們的毛變得蓬亂、皮膚出現病變、步態不穩、腦部信號明顯減弱。解剖死鼠的屍

---

* 鴿子缺乏睡眠時，功能似乎很正常。這可能意味著，鴿子自始至終有多麼呆呆鈍鈍。

作者愛哈拉：**強尼戴普太帥了**

這是強尼戴普（Johnny Depp）的第一部電影。他是為了陪他的朋友傑基·厄爾·海利（Jackie Earle Haley），才去試鏡的。

名字這麼長？傑基肯定拿到了某個角色。

並沒有。但強尼光靠那張臉就夠了，他拿到了南西的男友格倫（Glen）的角色。

這很公平。看到年輕時的強尼戴普，你怎麼可能不把他擺在你的電影裡呢？不過我敢打賭，傑基一定氣死了。

他在 2010 年翻拍的電影中飾演佛萊迪，我很確定，他把怒氣都投入角色中了。

希望他沒有全力以赴。

體顯示：牠們有潰瘍、內出血、肺部萎陷、睪丸萎縮、膀胱腫脹。反觀可以睡覺的大鼠身上，則看不出有這些症狀。

我們可以從這項有點恐怖的實驗得出結論，即睡眠可避免產生某些極度危險的問題（至少對大鼠來說）。小鼠也一樣：剝奪睡眠的實驗顯示，牠們的大腦竟然開始自我毀滅。

神經膠細胞（glial cells）是大腦神經元支撐結構中的一部分，負責的工作通常包括：清除日常生活中產生的細胞廢物、刪除神經元之間的多餘連結等。事實上，有些睡眠研究人員

分段睡眠

　　1992年，心理生物學家威爾（Thomas Wehr）改變了7名志願者的日夜作息。四個星期以來，他們住處的光線受到嚴格控制，使白天時數大幅減少。他們每天只經歷十個小時的光照，而不是正常16個小時。結果呢？他們的睡眠習慣變成「雙相」（biphasic）睡眠。換句話說，他們的睡眠分成了兩部分。

　　分段睡眠（無論是分為兩階段，還是多階段）在動物界並不罕見。對人類來說，分段睡眠也曾經很普遍。狄更斯、喬叟等作家都曾提到「第一次睡眠」和「第二次睡眠」。似乎在電燈發明之前，人們往往在黃昏時分就睡了，闔眼幾個小時後，又在午夜左右醒來。然後他們會進行各種活動（添些柴火、煮點東西，或許做個愛），再睡回籠覺。許多16、17世紀的醫學文獻都建議，此時正是懷孕的理想時機，主要是因為，你會比較有精神，能夠表現得更好。

　　不過，如今通常不這樣推薦。21世紀的醫學建議，是將所有的睡眠集中在一段期間，這樣你的身體會有最好的機會，完成所有在睡眠中方能進行的恢復性生化作用。

開始認為，這正是睡眠的主要目的：刪除大腦中的某些突觸連結，並且強化其他有用的連結。這似乎是睡眠有助於鞏固記憶的原因。

　　實驗顯示，剛學會某種新任務的動物，在一覺醒來之後會明顯表現得更好。然而，當沒有適當的睡眠調節時，神經膠細胞似乎會亂了套，不分青紅皂白的吞噬完全健康的大腦組織。

當我們睡覺時，身體也會分泌生長激素，以及增加某些大腦蛋白質的生成。身體陷入休息、低能量的狀態，彷彿空轉的引擎。此時血壓也會下降。這對你來說肯定是好事。我們當然看得出來，這和不睡覺時發生的事情有何差別。

在我們一生中，或多或少會有睡眠不足的時候。這個問題愈來愈嚴重。

世界衛生組織建議，我們每晚應該睡滿八小時，但是在已開發國家，三分之二的人沒有聽從這項建議。這樣的後果很驚人。必要的睡眠只不過少了16％（達到每晚六小時四十五分鐘左右，似乎還不錯），就得靠醫療介入，才能讓你活到六十幾歲。這個問題對男人來說特別重要：睡眠少於理想時數的男性，精子數量減少29％。結果會怎麼樣？讀過〈第5種末日〉就知道了。

說來並不誇張，由於睡眠不足，許多人不知不覺冒著自己（以及其他人）的生命危險。睡眠不到五小時候開車，發生車禍的機率超過四倍。只睡四小時，車禍機率更增加到11.5倍。

我們佩服那些為了把事情做完而不睡覺的人，例如前英國首相柴契爾夫人（Margaret Thatcher）出了名的每晚只睡四小時，她曾經說過，「懦夫才需要睡眠」。她後來患有失智症，死於中風，享年88歲。我們不得不承認，這樣的結果並不算太差。

我們當然無法證明，柴契爾夫人的例子與睡眠有關，但實驗證明，缺乏睡眠與失智症之間有很強的關聯性。有趣的是，這種關聯性與做夢有關，具體來說，是「快速動眼」（rapid eye movement，REM）睡眠；做夢都是發生在這個睡眠階段。缺乏REM睡眠與失智症的風險增加有緊密的關聯。看來，做夢對我們的大腦很重要。當然，噩夢也一樣。

夢，到底是什麼？

《半夜鬼上床》電影一開始，南西對蒂娜說：「我夢見一個傢伙，他穿著紅綠相間的骯髒毛衣。」所以，那代表什麼意思？簡短的答案是：這代表南西的內心世界。

作者愛哈拉：**可怕的水寶貝**

 你看過最恐怖的電影是什麼？

 大概是《水寶貝》（*Water Babies*）。

 那不是恐怖電影。那是給小孩子看的冒險故事。

 對，但演員中有懷特勞（Billie Whitelaw），她在《天魔》電影裡飾演保母。我十一歲時，看《天魔》被嚇得半死，所以她演的任何電影我都不敢看。

 有時候，你真的很可悲。

 不要笑，這是真正的恐懼症。我第一次和我的小孩一起看《水寶貝》時，我不得不離開房間。

研究人員記錄正在做夢者的大腦活動，與清醒者的大腦活動並沒有差別。不過，做夢者的大腦以某種方式導致肌肉癱瘓（除了眼部肌肉，眼球會在眼窩裡瘋狂轉動），平常這些肌肉會受到本身意識的控制。也就是說，可想而知，這樣他們就無法將夢中正在上演的行為，在現實中表現出來。

　　這是一種很有用的機制，因為我們似乎有做夢的必要。世界上大多數的語言都有這麼一句話，大概的意思是「睡一覺再說」（I slept on it）。夢境似乎是做決策的重要部分，讓我們處理跟白天的經歷及困境有關的情緒，這樣就能把生活應付得更好。

　　加州大學睡眠研究人員沃克（Matthew Walker）將做夢形容為「隔夜療法」（overnight therapy）。那樣的情緒處理，也讓我們對事件形成中性記憶，除去強烈的情緒，使事件回想起來更直截了當。以患有創傷後壓力症候群（post-traumatic stress disorder，PTSD）的人為例，做夢已經被證明非常有用，可以幫助他們應付那些可能會將他們帶回創傷狀態的誘發因素。

　　然而，以上都沒有定論。有些研究人員認為，做夢沒有意義或目的：它們只是「神經膠細胞進行腦部大掃除」的副作用。

　　另一種觀點則認為，我們的夢是一種演化策略，讓我們為可能挽救生命的行動做好準備。根據這種派別的說法，夢之所以常常充滿精采內容，是因為它們涉及某些動作的演練，而這些動作將會幫助我們度過生死關頭。

　　有一件事情倒是很明確：夢在落實記憶方面扮演了某種角色。記憶儲存於腦中的海馬迴，就是形狀有如海馬的小組織，深嵌於大腦底部。當研究人員阻斷小鼠腦部與REM睡眠有關的電磁輻射，使其無法到達小鼠的海馬迴時，那些小鼠便無法記住如何執行牠們在白天時學會的任務。阻斷非REM的腦信號則沒有影響。

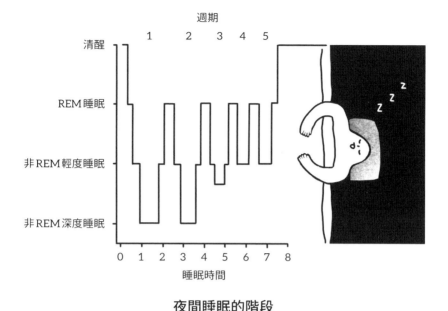

夜間睡眠的階段

　　沃克認為，做夢也讓我們變得更聰明。學習的鞏固，與在REM睡眠時挑出學習的重點有關，這樣大腦才能經一事長一智，將整個經驗融會貫通，應用在其他地方。

怎麼做清醒夢？

　　不過，關於做夢，或許最令人興奮的事情是，你可以學習控制它們，以及決定夢境該如何上演。如果你打算起而反抗佛萊迪，這種技能正是你所需要的。

　　這種經驗稱為清醒夢（lucid dreaming），有人天生就會做

清醒夢[*]。當他們處於睡眠週期的REM階段時，他們依然意識清楚，知道自己正在做夢，而且往往可以控制夢境。因此，譬如他們可能會夢見自己的心儀對象，有意且故意和他們打情罵俏。或者，他們可能會沉溺於一些超乎常人的壯舉（跳越峽谷之類的），行為有如神人一般。清醒夢真是好玩。

天生無法做清醒夢的人占了大多數，如果你也屬於這種人，那你知道的話會很高興，因為這是可以學的。為了訓練自己學會這門藝術，你必須在白天時練習。

還記得，諾蘭（Christopher Nolan）執導的《全面啟動》電影裡的旋轉陀螺嗎？你需要像那樣的東西，就是某種觸發物，告訴你的意識心靈說，你正在做夢，但是願意接受控制。清醒夢教練莫利（Charlie Morley）建議，在你睡覺前重複簡單的咒語：「今晚我會記得我的夢。我會完完全全記得我的夢。」

另外，你還可以很認真的端詳自己的手，整天每隔一段時間便重複一次。然後，當你在做夢時，可能會夢到你在端詳自己的手，看到手好像怪怪的（或許多了一根手指），於是意識到，自己一定是在做夢。

一旦你掌握訣竅，「意識到自己正在做夢」就會變得愈來愈平常。漸漸的，你可以學習讓夢中的自己以某種方式行事、做好玩的事情，甚至說某一句話。有些人甚至還能一邊做夢、一邊設法與外界溝通，例如透過事先約定的控制眼球動作。

等到你愈來愈善於此道，整個過程開始變得很自然，就像控制電玩遊戲一樣，那時候你就可以玩得很開心了。有些做清醒夢的人說，自己能飛、能做愛，甚至還能爆掉自己的大腦

---

* 例如本書的文字編輯茱莉亞（Julia）。

長知識 ➤ **夢遊殺人事件**

　　你可以在睡覺時做出驚人之舉。比方說，你可以開車，或是做愛。你甚至可以殺人。

　　那正是發生在英國人湯瑪斯（Brian Thomas）身上的事情。2009年，他掐死了自己的妻子，卻被判無罪釋放。根據辯詞，湯瑪斯患有睡眠障礙，致使他在夢遊狀態下無法控制自己的行為。

　　很少人能理解，現在湯瑪斯的愧疚有多深，但加拿大人帕克斯（Kenneth Parks）是其中之一。1987年，帕克斯在夢遊時殺死了他的岳父母，當時他開車去岳父母家，甚至還拿了他們家廚房的刀子當武器。帕克斯同樣也被判無罪釋放，因為他的行為缺乏罪責。

　　在深度睡眠的「慢波」階段，這種狀態可能會被觸發。睡眠者在此階段並不是在做夢，以致阻止我們將夢付諸行動的肌肉癱瘓，無法發揮作用來阻止他們。

　　這些狀況，似乎都是大腦在不同睡眠狀態之間產生的某種異常訊號引起的。聽到門鈴或狗吠聲，或是服用某種安眠藥，會使大腦陷入深度睡眠與清醒之間。瑞士研究人員曾經在一名16歲少年夢遊時掃描他的大腦，這真是了不起。從這名男孩的大腦發出的信號顯示，他睡得很沉，沒有做夢，同時依然表現出情緒狀態。

　　一旦處於這種中間狀態，會發生什麼事情就很難說了。夢遊的人可能會表現出平時的行為 *，例如穿衣打扮或出門。已知他們會開車去辦公室；他們可能會吃東西；據說有一名婦女因為夢

---

* 是的，茱莉亞也會夢遊。

遊進食症（sleepeating）胖了23公斤。

在澳洲，有一名婦女醒來時手裡拿著油漆刷，發現她粉刷了她家房子的大門。在某些情況下，熟睡中的人會強迫自己的伴侶性交，稱為睡眠性交症（sexsomnia或sleep sex），這種情形並不罕見，對於伴侶雙方來說，可能都是慘痛的經驗。

（19世紀，有一名做清醒夢的人如是說）。

那個勇敢的人正是萊科克（Marie-Jean-Léon Lecog），有人稱他為法國貴族聖丹尼侯爵（Marquis d'Hervey de Saint Dénys）。

這位研究清醒夢的先驅記錄了數百個夜晚的夢境。他可以讓自己徜徉在白天造訪過的景觀中，或是行俠仗義（以及胡作非為）。這位侯爵變得非常善於控制自己的夢，以至於他可以純憑意志力，想像手上拿著武器，這樣他在探險的時候，就能隨心所欲配備他所需要的東西。後來，他將自己的經歷寫成了一本書，書名為《夢與夢的引導》（*Dreams and How to Guide Them*）。

令人驚訝的是，侯爵記錄了《半夜鬼上床》般的經歷：他在迷宮似的房間裡遭到怪物追殺。最後，他用自己的意志力轉身瞪著怪物，結果怪獸竟然消失了。因此（劇透警告），南西宣稱自己不再害怕佛萊迪，就能使佛萊迪失去能力，這似乎是完全合理的。

儘管這位侯爵玩得很開心，有一群特別容易做清醒夢的人卻是毫無樂趣可言。對於患有猝睡症（narcolepsy）的可憐人來說，《半夜鬼上床》的標語：「無論你做什麼，不要睡著」，肯定是格外令人糾結。

夜半驚魂

猝睡症往往被刻畫成喜劇。畢竟,有人突然失去意識、不知不覺睡著了,還有什麼比這更好笑的呢?其實這一點也不好笑。猝睡症是活生生的噩夢。

大約每2,500人當中,就有一人罹患猝睡症。那不只是突然睡著而已,還會帶來一連串的狀況。例如猝倒(cataplexy),由於某種興奮或憤怒的激動情緒,使所有的肌肉活動暫停幾秒鐘(或幾分鐘,如果你特別不走運)。

猝倒會讓你看起來好像睡著了,但是你並沒有睡著,而

作者愛哈拉:**邊緣人**

在典型的恐怖電影中,我們兩個誰會先死?

我是屬於帥氣英雄類型,所以我覺得,我不會撐太久。

那熱愛科學的書呆子呢?書呆子能逃過一死嗎?

電影裡根本沒有書呆子。

因為他們太理智、太會分析,而恐怖電影的內容都很煽情?

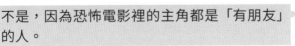
不是,因為恐怖電影裡的主角都是「有朋友」的人。

是完全清醒，如果沒有嚇壞的話，或許還會覺得難為情。有時候，甚至性高潮也可能會引起猝倒發作。還有做夢過多、夢境過於逼真，使夜間睡眠變得支離破碎，以致引起反常的失眠。還有新陳代謝率下降，導致體重急遽增加。

為什麼有些可憐的人會得猝睡症，目前還不清楚，但似乎是由一連串的因素聯合造成的。首先是基因的問題：他們遺傳了某種特別的基因，稱為HLA-DQB1*0602，這種基因有助於免疫系統決定該攻擊體內的什麼東西。約有25％的歐洲人帶有這種變異基因，但它在98％的猝睡症者身上都找得到。

造成「完美風暴」的下一個要素，似乎是接觸到某種病毒或細菌，使免疫系統因為太緊張而反應過度。簡單來說，某些病原體會導致免疫系統攻擊大腦，破壞下視丘中的3萬個神經元。這是很嚴重的問題。那些是唯一可產生食欲激素（orexin，或稱為下視丘分泌素，〔hypocretin〕）的神經元。這些化學物質調節身體的清醒狀態。如果缺乏食欲激素，你恐怕注定會得猝睡症。有關睡不著的建議對你毫無意義，因為現在的狀況根本超出你的控制範圍。

對於患有猝睡症的人來說，彷彿這樣還不夠慘，他們也比其他人更容易遭受睡眠癱瘓之苦，大腦在醒來時，會發現身體陷入REM癱瘓而無法動彈。這往往伴隨著幻覺，發生於半醒半睡之間，有時稱為「夜驚」（night terrors）。

關於夜驚，患者的形容都一樣，感覺有鬼怪出現，或是身體被折磨，像是有重物壓在他們的胸口，或是被拉扯、無法呼吸、窒息、被強拉進地獄等等。有人說，他們飄浮在床的上方，或是看見扭曲的黑影，一心想要傷害他們。有人聞到硫磺味。在所有的案例中，他們都是全身癱瘓、無法自救、無法喊叫向別人求救、無法表達他們正經歷的純粹生理上的恐懼。

這樣的經驗，在全世界各種文化中都很常見。在加拿大紐芬蘭，他們稱之為「老妖婆」（Old Hag），在香港則稱之為「鬼壓床」。大西洋島國聖露西亞的居民稱之為「kokma」。以下是桑托瑪羅（Julia Santomauro）和佛蘭奇（Christopher C. French）在《心理學家》（*The Psychologist*）期刊中引用的一段記述：

　　我仰躺在床上，眼睛閉著，感覺有重物壓在我的胸口。我以前有過這種感覺，所以我並不害怕。我微微睜開眼睛，看見這個二維的灰色人形在我的上方，它有三維的骯髒灰色頭髮，懸在我的臉上。他抓緊我的胸口，把我拖下床，裝進木箱裡，看起來彷彿是我床腳下的棺材。我知道，如果他把我拖進箱子裡，我就死定了。我轉頭到側面，照到面對著床的鏡子，眼看著自己被拉下床往箱子裡去。這時候，我簡直嚇壞了，於是我終於醒過來，發現自己躺在床上，仰望著天花板。

　　在極端的情況下，這樣的夜半驚魂似乎真的具有殺傷力。《半夜鬼上床》的靈感，來自於克萊文（Wes Craven）在報紙上讀到的文章，文中記載一家人的悲慘故事，他們逃離柬埔寨殺戮戰場，後來到了美國。

　　在柬埔寨遭受創傷之後，家中最年輕的成員飽受被人追殺的噩夢所苦，因此他盡量避免入睡。有時候他會一連幾天不睡覺，但是，在缺乏睡眠好一陣子之後，有一天他睡著了，卻再也沒有醒過來。他的父母在半夜聽到他的尖叫聲，連忙衝到他身邊，才發現他已經死了。

　　他並不是唯一的例子。1970年代末和1980年代初，有好幾年，美國醫生登記了數百名亞洲男子的死因為「突發性夜間猝死症候群」（sudden unexpected nocturnal death syndrome）。據說

他們死去時，臉上往往帶有驚恐的表情。

有人稱之為「巫毒致死」（voodoo death），人們花了不少時間，才搞清楚這是怎麼回事。原來這些人來到美國之前，大都曾在柬埔寨和越南遭受創傷，他們是被自己的夢嚇死的。他們的家人指出，這些人有時會設定鬧鐘，每半小時響一次，這樣他們才不會開始做夢。

後來醫生確認，這些人也同時患有「布魯格達氏症候群」（Brugada syndrome），這是一種心臟疾病，在東南亞男性中相當常見。布魯格達式症候群引起心跳不穩定，再加上缺乏睡眠，似乎足以引發致命的心臟驟停。

不眠家族

儘管猝睡症和睡眠癱瘓令人恐懼，但原先沒有健康問題的人，即使發生夜半驚魂，也不太可能會因此而致命。但是，致力於保持永遠清醒的壓力說不定會致命。我們之所以知道永遠清醒會致命，並不是因為轉盤上那些睡眠被剝奪的大鼠，而是因為，這種事情經常發生在一群不幸的人身上。

這是真實的恐怖故事。世界上有26個家族，由於基因畸變而導致無法入睡。

一開始，通常會出現突然的輕度失眠，幾個月內，失眠會愈來愈嚴重。當患者設法入睡時，夢境可能會瘋狂而且逼真。接下來則是身心退化，例如：體重減輕、健忘、意識模糊、複視、無法控制的快速眼球運動、肌肉痙攣……等等，然後（理所當然）出現妄想症及恐慌發作。幾乎像是身體自己開始恐慌。

男性會有勃起功能障礙；女性陷入更年期。患者可能會不由自主的哭泣、焦慮、憂鬱，最後變成失智。這是「致死性家

有關於睡眠與做夢的電影向來不缺。大導演諾蘭在這兩方面都嘗試過。

在諾蘭的《針鋒相對》電影裡，艾爾帕西諾（Al Pacino）飾演睡眠不足的偵探，他在調查阿拉斯加的一宗謀殺案。在**《全面啟動》**電影裡，李奧納多狄卡皮歐（Leonardo DiCaprio）不斷的入侵及操縱夢境。這兩部電影絕對值得一看。

《香草天空》也很好看，湯姆克魯斯（Tom Cruise）在片中飾演（輕度劇透警告）長期受到清醒夢困擾的人。

接下來還有**《機械師》**（*Machinist*），克里斯汀貝爾（Christian Bale）扮演瘦到皮包骨的失眠症患者，他開始出現妄想錯覺。這部電影在許多層面上很令人震驚。同時，貝爾減掉他為了飾演《為副不仁》的錢尼（Dick Cheney）而增胖的18公斤，對他來說輕而易舉；因為為了《機械師》這個角色，他減掉了28公斤。

《愛的夢遊》比較不驚悚，原本的故事竟然是十歲孩童寫的。你知道的話應該不意外，這部電影其實和睡眠科學無關。相反的，這是一部超現實主義的法國浪漫愛情電影，正如你對**《王牌冤家》**導演龔德里（Michel Gondry）的期待，這部電影確實不錯。

《二見鍾情》其實是在講一名陷入昏迷的男人，你可別被片名唬了。至於**《立體小奇兵：鯊魚男孩與岩漿女孩》**，還是少說為妙吧。

族失眠症」（fatal familial insomnia）的最終表現行為：隨著大腦永久性自我關閉，患者逐漸與外界脫節。

這種病無藥可醫。沒有任何正在進行的藥物試驗或有效的療法。世界上曾有數十人被診斷為致死性家族失眠症，如果你很不幸成為其中之一，吃什麼藥都沒有用。

介紹完可能發生的最壞情況（可能害你做了噩夢），或許我們應該彌補一下，告訴你幾招科學妙方，讓你一夜好眠。

第一招很明確：將高科技產品逐出你的臥室。那是因為，我們的電腦、手機、平板電腦發出藍光，送出完全錯誤的信號：它對著我們的腦部大喊「醒醒，現在是白天」。LED發出的藍光是一種刺激物，在晚上，那是我們最不需要的東西。

話雖如此，我們正在學習如何從科技中獲益，例如睡眠追蹤器。藉由監視我們的心跳、體溫、動作和呼吸，這些感應器可以精確指出，我們處於睡眠週期中的何種階段，並且在我們最容易醒來的時刻喚醒我們，不會覺得迷迷糊糊。

這就是為什麼，蘋果公司正在研究iSheet床單，這種床單具有嵌入式感應器，將會有助於改善睡眠品質。睡眠追蹤器甚至可以發送訊息給我們的雇主*，由於額外的生產力和較少的病假日，他們可能會因此而獲得良好的睡眠習慣。

不過，基本上，專家的建議非常簡單。在就寢的一、兩個小時前，將屋子裡的燈光調暗。保持臥室涼爽，因為你的核心體溫需要降低，你才能睡得好。而且，不管你做什麼事情，在關燈之前，千萬不要看《半夜鬼上床》。

---

* 對我們來說，把睡眠資訊傳給雇主似乎像是真正的噩夢。但話說回來，其實我們兩位作者都沒有真正的工作。

　　　破解好萊塢的科幻想像

第8種末日

植物殺手

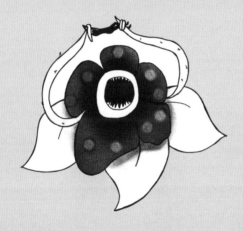

「大部分的植物，靠動物的排泄物生長；但是這種突變植物想要吃的，恐怕是動物本身。」

——《食人樹》（*The Day of the Triffids*，1962）

在溫登（John Wyndham）所寫的《食人樹》一書中，一場流星雨弄瞎了幾乎所有人的眼睛，只有屈指可數的人類逃過一劫。趁此大好良機，有一種高聳、有毒、喜食肉類的植物，成群結夥在全世界橫行。

1962年這故事翻拍成電影，宣傳海報呼喊著：「小心三腳食人樹……它們會長高……懂事……走路……說話……亂竄……還會殺人！」這些字眼似乎很好笑，因為我們覺得，植物沒有什麼好怕的。是啊，它們會長高，但是，它們只會很慢很慢的長高。至於懂事、走路、說話、亂竄……絕對不會！或者，那只是我們一廂情願的想法……

作者愛哈拉：**童年陰影**

 根據《星期日泰晤士報》的報導，溫登的原著故事是「讓你這輩子都忘不了的書之一」。

真的是這樣。當年我讀這本書，是在青春期之前，害我好幾個星期都做噩夢。

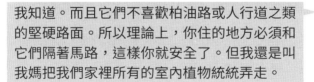 你可以離它們遠一點，這樣不就好了？溫登說，看食人樹移動，就像是「看人拄著枴杖走路」。

我知道。而且它們不喜歡柏油路或人行道之類的堅硬路面。所以理論上，你住的地方必須和它們隔著馬路，這樣你就安全了。但我還是叫我媽把我們家裡所有的室內植物統統弄走。

西元前4世紀，亞里斯多德首創的「自然階梯」（ladder of nature）之說深具影響力，他認為，植物在自然階梯中是最低等的。植物的地位不如動物，這種輕蔑的偏見持續了至少二千年。不過，現在情況正在改變。

我們不能宣稱，這種改變是因為《食人樹》這部電影。沒錯，以令人感覺很熟悉的角度來說，它是「經典」，但是電影本身其實不怎麼樣。這點連製片人都知道：當他們拍完電影時，可以用的鏡頭只有57分鐘。為了將影片鋪陳到可以接受的長度，在燈塔中的那一整段敘事弧，是厚著臉皮加進去的。但是無論如何，儘管植物的演技慘不忍睹，植物的地位絕對是在向上攀升中。

「智慧」 跟你想的不一樣

傳統上，我們為生物的地位排名，主要是根據智慧，將智力的研究集中在兩件事情上：神經元與神經系統，以及回應刺激而產生的可控制、針對性的動作。我們往往認為，這些是「智慧行為」的唯一來源。但諷刺的是，我們對於智慧的想法可能大錯特錯。

先拿大腦來說吧。當你覺得，我們傾向於認為：「電腦有智慧（我們明明知道電腦不是活的），而植物沒有智慧」時，我們對於大腦的偏見就特別明顯。

人類很自以為是，對於「智慧是什麼」會有很「人類本位主義」的看法，或許是免不了的。因此，當我們看到電腦利用中央處理器進行資料處理時，我們當然會覺得電腦很厲害，因為電腦本來就是模擬我們的大腦。這是不是意味著，電腦比植物更聰明？並不是。

這麼久以來，我們不曾提出關於植物意識或智慧（甚至知覺）的問題，原因在於，我們不認為那些問題值得考慮。

這裡的「我們」並不包括達爾文。達爾文向來是自由思考的傳奇人物，他對事物的看法與眾不同。19世紀時，他看出植物具有某種特別的東西。他甚至假設，它們可能有某種「根腦」（root brain）。

1900年代初期，印度生物物理學家博思（Jagdish Chandra Bose）注意到這件事，於是開始進行實驗，似乎證實了達爾文的某些概念。他相信，植物確實具有某種形式的神經系統，使它們能夠積極監視及探索周圍的環境。不過，他認為「植物並非只是對自然界其餘部分反應遲鈍的靜態原料而已」，這種說法並沒有被接受。

當《植物的祕密生活》（*The Secret Life of Plants*）一書於1970年代出版時，植物的公關形象變得更糟糕。一方面，這本書大受歡迎；但另一方面，它也是一派胡言。這本書的頁面洋溢著嬉皮色彩，談到植物展現心靈感應與情緒，而且喜歡聆聽華格納的音樂。書上的所有內容，幾乎都被一一拆穿，對植物科學的認知造成了長久的傷害。然而，現在情況終於有了改變，因為有一群大膽的研究人員正在向反植物的老頑固攤牌。

我們是否低估了植物？

新的曙光在2005年開始出現，當時有一小群科學家成立了「植物神經生物學協會」（Society for Plant Neurobiology）。他們的生物學家同儕自然是紛紛加以撻伐，主要是因為，在他們學過的生物學中，植物沒有神經元。耶魯大學細胞與分子生理學教授史萊曼（Clifford Slayman）的選擇性反應是：這代表了「科學

界與瘋人院之間的最後抗爭」。但是這群科學家堅持不懈，著手研究另一種智慧型態，這種型態不需要神經元。

雖然在探討智慧、相對智慧，以及我們預期智慧能讓某生物做什麼事情時，我們覺得很習以為常，但是對於「智慧究竟是什麼」，我們並沒有共識。因此，或許我們應該會願意將智慧歸結為：任何生物成功執行「蒐集、儲存、利用與本身環境有關的資訊來確保生存」的任務。在這種情況下，植物正好符合條件。

這就是為什麼，植物神經生物學研究人員認為，植物的行為來自於「蒐集與利用其周圍環境的資料，然後做出相對的回應」，這種回應並不只是生化反射作用，或是編碼在植物的遺傳基因中。

分子生物學家特雷瓦維斯（Anthony Trewavas）在這個領域貢獻卓著，他談到植物的「無意識掌握」（mindless mastery），而且他指的無意識，是以好的方面來說：誰需要大腦？

如果你看不出來這樣如何行得通，可以思考一下蟻群。每隻螞蟻代表一個簡單的單元，根據某些相當簡單的規則來行動。不過，若將蟻群視為整體，這些簡單的單元和規則，便產生某些複雜（顯然是有智慧）的行為。這就是所謂的「分散式智慧」（distributed intelligence）──「整體」優於其基本組成分子的總和。

這和「很簡單的演算法，卻能造成複雜的鳥類群集行為」沒什麼兩樣（只要跟著你的視線範圍內最近的鳥）。曼庫索（Stefano Mancuso）是植物神經生物學協會的創辦人之一，他認為，植物可能也會發生類似的情況。順帶一提，植物神經生物學協會後來改名為爭議性較小的「植物信號與行為協會」（Society of Plant Signaling and Behavior）。

具體來說，他的理論建立在達爾文提出的「根腦概念」基礎上。曼庫索和他的同事發現，植物根部靠近尖端的地方有一個區域，稱為過渡區。很多年來，這個區域的功能一直不為人知，但是那裡有大量的電活動、高濃度的氧，以及所謂的植物生長激素（auxin），以小小的囊泡傳送。在動物身上，你也會找到具有這些特性的東西：我們稱之為……神經元（你猜對了）。

因此，每個根尖（相當基本的結構）可能會形成較大系統的一部分，產生更高級的分散式智慧。這和大腦沒有什麼差別。畢竟，你的大腦並沒有哪個部分是特定的「智慧控制中

長知識 ▶ **會移動的樹**

平心而論，植物根本無法翻山越嶺。厄瓜多有一種樹稱為「走路棕櫚樹」（學名是 *Socratea exorrhiza*），但它其實不能走路。事情是這樣的：它會把根伸出去，尋找更肥沃的土壤，找到了之後，樹幹就會朝著那個位置彎過去。然後舊的根便伸入空中，變得沒有用處。遷移到幾公尺外較肥沃的位置，可能要花好幾年的時間。它不會在街上追逐任何人啦。

風滾草（學名是 *Kali tragus*）比較具有移動性及危險性。不過嚴格來說，它是死的。風滾草從其根部斷裂，在地上滾動，一路散播其結構中的種子。會說它危險只是因為，在極度炎熱與乾旱的情況下，風滾草它可能會著火，助長野火蔓延。同樣的，它也不是食人樹喔。

心」。大腦正是一大堆神經元（以你而言，有860億個神經元）在一起工作。其中沒有一個神經元是「聰明」的，但聯合起來的結果卻很聰明（但願如此）。

無腦的好處

除此之外，高等生物的身體功能，並不是每一種都必須牽涉到意識。

我們往往會忘記，神經系統的某些部分，其實「需要」在不受大腦意識控制的情況下運作。這就是為什麼，我們有自主神經系統在負責整個一連串的過程（例如呼吸和消化），很少受到來自「上級」的干預。想像一下，如果你必須用想的才能消化、呼吸，或是在你運動時使心跳加快，那會怎樣？

最後要考慮的是，對植物來說，擁有大腦恐怕是明顯的缺點。植物基本上不會移動，因此非常容易受到攻擊。事實上，它們的部分演化策略就是被吃掉。植物在身體的90％被移除的情況下還能生存，像是在電影裡，你可以拿散彈槍，把食人樹轟出幾個洞，它也不會死。

想像一下，假如它們有大腦：它們的灰質被吃掉或轟掉的話，那它們就無法生存了*。有大腦會是缺點；它們的標準設計，以及它們大致上固定不動的生活方式，反而是絕佳的搭配。

簡單的說，在討論植物時，我們需要當心自己的偏見。我們並不是比較優秀，只是不一樣而已。

大約在十五億年前，動物和植物從演化樹上分道揚鑣。它

---

* 呼叫渦蟲（詳見〈第9種末日〉），它們會微笑面對自己的大腦被轟掉。

們的共同祖先是某種單細胞生物，它既不是植物也不是動物。動、植物具有許多相同的遺傳密碼，彼此之間的關係，遠比各自與細菌之間的關係更密切。

　　事實上，我們的細胞與植物細胞極為相似。我們在學校學到的關鍵差異，例如植物細胞壁和進行光合作用的葉綠素等等，其實相當膚淺。動、植物最主要的差異，或許是動物演化形成神經系統和大腦，而植物顯然沒有。但是，這並不代表植物沒有智慧。這也不代表我們不應該怕它們。

作者愛哈拉：**人類的共同祖先**

科學家相當確定，地球上所有的生物擁有共同的祖先，那就是LUCA[*]。

他們怎麼知道，它是義大利來的？

不是啦，LUCA代表「最後共同祖先」（last universal common ancestor），生活在大約三十五億年前。真是太驚人了。我們和各種生物型態都有親緣關係，不管關係多遙遠，無論是真菌、變形蟲還是黏菌。

啊，黏菌。是不是那種一坨一坨會脈動的、一心只想著食物的小東西？那就對了，我相信，你和它們有親緣關係。

---

* Luca 音似義大利城市路卡（Lucca）

最危險的植物

「躲在我背後，」在他們逃離燈塔時，湯姆對凱倫說：「被植物殺死毫無意義。」這句話再真實不過。

正如我們所見，植物（甚至是食人樹）大致上是可以避免的。不過，就算你看過這部電影，你也可能早就對植物懷有良性的恐懼感。你不會穿著短褲在刺人的蕁麻（*Urtica dioica*）中穿行，也不會停下來舔一舔致命的顛茄花（*Atropa belladonna*），對吧？

植物享有極為廣泛的化學資源，包括大量的防禦性毒素。這些毒素專門用來嚇跑昆蟲，以及其他食草性小動物，但是，其中有些植物的毒素依然會使較大的動物喪命，譬如我們人類。

以在美洲發現的毒番石榴（*Hippomane mancinella*）為例。它絕對稱得上是「全世界最危險的樹」。

當地人常在毒番石榴的樹皮塗上紅色的十字標記，警告人們遠離。它的汁液含有一種危險的刺激物，稱為佛波醇（phorbol），可能使人類的身上長出可怕的皮疹，碰到一滴，皮膚就會起泡。燃燒這種樹木釋放出來的煙霧，可能會使你暫時失明及呼吸困難。這些都殺不死你，可是不用擔心，它的彈藥庫裡還有更多東西，例如，它那小小圓圓的果實。吃了那個，你就完蛋了。

還有蓖麻（*Ricinus communis*）。它通常用來當作觀賞植物，因為它看起來很漂亮，蓖麻油也廣泛使用於食品中。但是蓖麻子可不好惹。它們含有蓖麻毒蛋白（ricin），那是最致命的天然毒素之一。

蓖麻毒蛋白會阻止人體產生日常生物功能所需要的蛋白質，最終導致你失去功能。因此，假如有少量的蓖麻毒蛋白進

入你的體內（無論是透過注射或攝食），它會慢慢的殺死你。

1978年，保加利亞的叛逃者馬可夫（Georgi Markov）正是因為蓖麻毒蛋白而死。有一天早上，當他正步行穿越倫敦的滑鐵盧橋時，來自他祖國的殺手用特製的雨傘暗殺了他。傘尖附有某種氣動機關，將帶有蓖麻毒蛋白的藥丸注入馬可夫的腿部。那天晚上，他開始發燒，四天後就死了。

或者，還有各種附子花（*Aconitum*，也稱為烏頭）。這些植物早就被獵人用來當作致命毒藥，為了殺死像熊、甚至鯨魚那麼大的獵物。一支塗有附子毒素的魚叉，便足以使鯨魚癱瘓，所以人類如果接觸到毒素，即使是相當小的劑量，也幾乎沒有生存的機會。

如果你是野外覓食者，請注意：它看起來有點像野生歐芹，但是僅僅五毫升（一茶匙）的植物汁液，就能殺死一名成年人。萬一你想知道的話，國際化學品安全規劃署（International Programme on Chemical Safety，IPCS）公布說：「沒有解毒劑。」

值得一提的是，植物毒素不一定是壞東西。你的父母可能從來沒說過：「吃掉你的蔬菜，你需要那些毒素」，但他們應該說過：那些正是所謂的維生素。我們需要維生素，因為我們的生物作用選擇植物防禦機制做為重要武器，用來抵抗細菌、病毒，以及其他對正常、健康的生化作用有害的東西。

最重要的是，劑量要正確。只是吃了馬兜鈴樹（*Strychnos nux-vomica*，發現於東南亞）的種子，並不會讓你沒命。事實上，有人利用它們來治療某些疾病（但尚未經過科學方法證實有效）。可是，假如分離並濃縮相關的化合物，便可用來誘發可怕的死亡，即所謂的番木虌鹼中毒（strychnine poisoning）。那正是我們用來消滅鼠類害蟲的方法。

植物的狩獵

　　到目前為止，我們看到的都是植物被動的防禦機制。但是在《食人樹》電影裡，植物會發動攻擊。這種事情會發生嗎？當然會。

　　一般而言，植物不需要太多養分就能生存。植物所需要的氮、磷和其他雜七雜八的東西，通常可從土壤中吸收。但是當它們生活在無法獲得這些養分的地方時，它們會轉而尋求其他的食物來源。

　　以寄生藤蔓菟絲子（ *Cuscuta* ）為例。這種奇特的爬藤可以聞到它的受害者。菟絲子幾乎沒有葉綠素，因此它藉由「咬住」受害者的脈管系統、從脈管中吸出含糖汁液來獲得能量。

　　它的藤蔓捲鬚的延時影片，看起來簡直像是蛇在尋找東西。確實如此：研究人員為了調查它的能力，將一些潛在的宿主植物藏在角落，結果菟絲子找到了它們。不只這樣，它似乎會做選擇，比較喜歡健康、多汁的植物。據推測，它找到這些宿主植物，並且選擇最佳的植物，是透過「聞」那些植物天然散發的各種化學物質，然後朝著那個方向生長。換句話說，它是在狩獵。

　　有時候，植物喜歡的是肉，而不是花。食肉植物大約有750種，它們經過多次演化，具有各種不同的狩獵策略。比方說，水生植物狸藻（ *Utricularia* ）具有稱為氣囊（bladder）的空腔。當微小的動物（可能是線蟲、水蚤，甚至蝌蚪）經過時，會碰到它的觸發毛，觸發毛便打開空腔。水湧進腔內，有效的吸入不知情的動物。發生的過程極為迅速，動物根本來不及脫逃。不到千分之一秒，倒楣的生物就被困在腔裡了。然後，狸藻開始分泌它的消化酶。一旦動物慘遭分屍，狸藻就會將水及任何

難以消化的殘餘物擠壓出去，準備享用另一頓美味大餐。

豬籠草（*Nepenthes*）也是利用腔來捕捉動物。有一種在婆羅洲熱帶地區發現的品種，稱為馬來王豬籠草（*Nepenthes rajah*），這種豬籠草具有甕狀的捕蟲籠，可成長至高達41公分、容納2.5公升的水。

昆蟲在捕蟲籠裡徘徊、尋找食物，然後就爬不出來了，一來是因為捕蟲籠的內部很滑溜，二來是因為籠口邊緣有一圈朝下的尖齒。一旦豬籠草感覺到它的獵物掉進來，它就會分泌消化酶到水裡，昆蟲便嗚呼哀哉了。較大的動物也可能成為豬籠草的獵物，它們可以消化蜥蜴、小蝙蝠，甚至齧齒動物。

捕蠅草會算數

再來，還有一種最具代表性的食肉植物，那就是捕蠅草（*Dionaea muscipula*）。它那可咬合的「下巴」，最讓人聯想到掠食性動物，因此我們往往覺得它們既迷人又陰險。尤其是，自從我們知道，為了不浪費太多能量在捕捉獵物上，它們竟然會做某種基本的計數。

捕蠅草的葉片會散發甜美的氣味來吸引昆蟲。當昆蟲停在葉片上，它會碰到其中一根觸發毛，這會使葉片發出電脈衝。但是一次觸發還不足以使葉片閉合。捕蠅草不想耗費寶貴的能量來回應誤報，因為將資源浪費在試圖捕捉早已逃走的獵物上，這是沒有意義的。因此，它會等待第二根觸發毛被碰到。

如果第一次觸發之後，大約20秒之內又有了第二次觸發，葉片就會突然閉合。由於第二次電脈衝打開了植物的一些氣孔，使水流過植物，產生壓力變化，因此導致葉片閉合。這是一種液壓機制，由連結到壓力感應物的電子開關控制。植物以

作者愛哈拉：**旅遊建議**

我剛剛發現，溫登的書在2001年出了續集。書上說，那些為了逃避食人樹而躲在英國懷特島（Isle of Wight）上的人，有的對食人樹的毒液產生免疫力，因此可以返回英國本土。

那是因為，當初溫登的原著沒有解決食人樹的威脅，因此主角選擇去懷特島，是想要爭取機會搞清楚該怎麼辦。

我去過懷特島。但是我想，我寧可面對食人樹。

好吧，你顯然沒去過羅賓山郊野公園（Robin Hill Country Park）的雪橇滑道。那可是世界級的喔。

致命的手段即時處理及回應資訊，這是一個明顯的例子。

一旦昆蟲被捕獲，捕蠅草就會開始分泌消化酶，你聽到這裡也見怪不怪了。但是，它也會持續記錄觸發毛被碰到的次數。碰到愈多次，代表昆蟲愈大，它就會相對分泌更多的消化酶。這種作用複雜巧妙，而且很有效率。

既然談到了複雜巧妙，那我們就來談談植物說話吧。

遭受害蟲侵襲的植物會警告其他植物，
要注意感染的危險。

植物的「木」際網路

植物擁有異常發達的社交生活。在土壤底下，根部周圍的生態系充滿了交流與合作。真菌、細菌與根部具有共生關係，它們幫助根部吸收水分和養分，反過來可以讓自己獲得源源不絕的養分。大家都是贏家。但是，不只那樣：菌絲在樹木種群之間（甚至在不同的物種之間）可形成單一的網路，有一篇學術論文戲稱這是「木際網路」（wood wide web）。

這是一種互相支援的協力合作系統。水分和養分從食物過剩的樹木轉移到飢餓的樹木。舉例來說，較大的樹木會幫助幼苗，直到它們長得夠高，足以照到陽光為止。在一年當中，物種之間甚至會有互惠互利的交易，因此，常綠樹會在冬天為落葉樹提供一些糖分，然後在夏天「催討債務」。較老的樹木似乎是「超連結中樞」，提供大量的連結。由於這種無形的合作，整座森林似乎運作得更好。

植物也可以利用這種地下網路，向彼此發出信號。如果將一排植物置於乾旱條件下，訊息可能會傳到遠達五排以外的植物，這些植物透過根部，和種群中的那些缺水植物相連。這些遠方的植物會關閉葉片中的氣孔，防止水分散逸，做好缺水的準備。距離那排缺水植物一樣遠、但根部不相連的其他植物，並沒有顯示出這樣的反應。它們沒有得到通知。

植物的「人性」

不過，植物的友愛行為不只一種。在某些情況下，它們會和同一物種的其他成員合作，以其他物種為代價。蓼科植物（knotweeds）對於昆蟲或動物侵襲的反應，取決於它們近鄰的身分。如果它們和其他蓼科植物在一起，它們會注重防禦，使葉子充滿毒素。但是，如果它們的周圍是束生草（bunch grass），它們就會放棄防禦，偏重於積極生長。基本上，它們依靠束生草來負責防禦。這是聰明的策略，也是蓼科植物失控成為入侵物種的一種可能解釋。

蓼科植物的戰術有點卑鄙，但有些植物則是不折不扣的侵略者。常見的蘆葦，目前正逐漸占領北美的沼澤濕地，它從根部分泌一種酸來毒害它的競爭對手。真是可惡。

金合歡的復仇

1983年，植物界有一項最驚人的發現，當時非洲大草原上的金合歡樹（*Acacia farnesiana*），顯然正在聯合展開自衛行動。這種樹木通常只產生少量的單寧（tannin，一種化合物），使葉子變得苦澀而味道不佳。當金合歡樹的葉子遭到破壞時（例如被飢餓的彎角羚羊攝食），它會產生更多的單寧，用來當作一種自衛形式。

在被吃的同時，它也會釋放某種化合物到空氣中，稱為乙烯。附近的樹木感應到這種化學物質，便增加本身的單寧產量，作為自衛的手段。在極端條件下（例如乾旱），當彎角羚羊的胃口足以吃光缺水的樹木時，它們會產生大量的單寧，使彎角羚羊的肝臟失去功能。在南非的牧場中，彎角羚羊被籬笆圍起來，因此牠們別無選擇，只能吃金合歡樹，導致整個旱季有數百隻彎角羚羊死亡。

其實很多植物也會做這種事情，只是蘆薈比較過分，這稱為相剋作用（allelopathy），意思是產生化學物質來抑制競爭者的生長。通常，那樣的意思只是鼓勵其他植物保持距離，但是這種蘆薈酸非常毒，因此會溶解非親非故的鄰居根部的結構蛋白質，悄悄的殺死它們。

植物也認得出「親戚」，不過它們如何認得，還是一個謎。從演化的角度來看，幫助親戚顯然有好處（基本上，每一種生物都希望本身的基因能傳給後代），因此這些「親屬專用」的行為，在整個動物界也都看得到。

心理學家指出，甚至人類也有這種行為：你比較可能會幫助有血緣關係的親戚，而不是陌生人。過去幾十年來，科學家開始發現，植物也在做同樣的事情。有些植物會抑制本身根部的生長，或改變開花的數量，騰出空間給有親緣關係的植物。有的則會改變本身葉子的位置，以免遮擋家族鄰居的光線。

2007 年，我們開始真正瞭解這一點，當時加拿大生物學家達德莉（Susan Dudley）利用北美海濱芥菜（*Cakile edentula*，一種小灌木，通常生長在海灘與沙丘上），進行一項了不起的實驗。

她將一些海濱芥菜和「親戚」種在盆子裡，又將其他海濱芥菜與相同物種的「非親戚」種在別的盆子裡。那些與「陌生植物」種在一起的海濱芥菜，長出廣大的根系，激烈的爭奪養分和水分。但是那些與家族種在一起的海濱芥菜，則是抑制本身的根部生長，想必是為了讓自己的親屬成長苦壯。

後來的研究顯示，表明親屬關係的信號，蘊含在滲出液裡面，那是一種可溶性化合物的混合物，由根部分泌到土壤中。這些滲出液如何提供親屬關係的資訊，至今仍不得而知。

這種作用，不只是在地底下進行而已。植物還會利用大量的揮發性化學物質，藉由空氣傳播，向彼此發出信號。利用山艾樹（sagebrush）進行的實驗顯示，如果在季節的早期，利用修剪單株植物葉片來模擬昆蟲齧咬，則在季節的剩餘日子裡，修剪過的植物和它的鄰居受到的損害會小很多。受到侵襲的植物釋放的化學物質，似乎被附近的植物接收到，這些化學物質提醒它們，要為更多的侵襲做好準備。* 這種效應對於近親植物似

---

* 科學文獻中，還沒有人將這種現象稱为「葉聽」（leavesdropping），這是不可原諒的。我們目前正在提倡採用這個名詞（注：eavesdropping 意為竊聽，作者將 leave 與 eavesdropping 合併，產生此新名詞）。

乎更加顯著，可見有某種「親屬識別」正在發揮作用。

不只是化學物質：有證據顯示，植物可以利用聲音來溝通。新生玉米的根在水中生長時，會發出很小的嘀噠聲。如果將這些嘀噠聲錄下來，播放給這些根聽，它們的生長行為會改變，就像是這些根會聊天。

這怎麼可能？好，你的耳朵含有細微的毛髮，當受到聲波的空氣振動撞擊時，它們會彎曲。彎曲的毛髮產生電信號，大腦解譯為聲音。植物具有類似的系統：細胞膜含有某種蛋白質，受到聲波作用時會變形。此變形使離子穿越細胞膜，在細胞的內外之間造成電荷差異，進而產生電流。

作者愛哈拉：**重新看待植物**

別的不說，這件事一定可以讓素食主義者好好想一想。

不只是素食主義者。我們所有人都應該更尊重我們的綠葉弟兄們。

你倒是說說看，你這幾天比較沉迷於章魚，還是植物？

這種問題怎麼回答？就像是問我，最喜歡自己的哪一個小孩。

我的腦海中，浮現了你們艾德華斯家族的全家福照片。

植物沒有大腦可將這些信號解譯為聲音，但是它們確實具有感官，可使植物以適當方式做出回應。例如，最近研究人員指出，當月見草花「聽見」蜜蜂的嗡嗡聲時，它會開始產生甜度增加多達20％的花蜜。花朵利用甜甜的花蜜，將蜜蜂吸引過來。花朵如何偵測嗡嗡聲，還不是很清楚，但一個想法是：嗡嗡聲會導致花朵振動，而花瓣的作用有點像耳朵，可以接收並放大聲音。

稍微比較不討喜的是，如果你在植物旁邊播放毛毛蟲咀嚼的聲音，它會採取自衛行動。葉子會變得充滿毒素，或是改變質地，使葉子變得不容易消化。以玉米和某些豆類植物為例，毛毛蟲趨近的聲音，會使葉子釋放出揮發性化學物質，召喚寄生蜂前來。這些寄生蜂跟隨著氣味，對毛毛蟲展開攻擊。也就是說，植物召來了救兵。

到目前為止，我們已經瞭解植物之間的溝通、分辨敵人或朋友，以及發動攻擊。或許最奇怪的事情還在後頭：不只是我們人類可以接受教育，植物也可以學習。

植物走迷宮

在《食人樹》電影裡，植物看起來並沒有特別聰明。當它們在西班牙包圍房屋時，令人聯想起一大群殭屍。它比較像電影《活人生吃》，比較不像《異形》。但是，有些植物很聰明，聰明到竟然可以學習，且聽演化生物學家加利亞諾（Monica Gagliano）教授仔細道來。

加利亞諾花了很多時間，試圖弄清楚植物到底有什麼能力。她認為，最令人印象深刻的，會是假如植物可以根據它們的環境經驗來調整行為。換句話說，就是學習。

但是，你如何教植物學習事物？

第一步是測試最初級的學習：養成習性（habituation）。我們隨時都在養成習性，也就是說，我們會忽略環境中的事物，那些事物和我們的需求或安全無關。把注意力放在那些對我們不造成影響的事物上，就是在浪費寶貴的資源。

利用「將含羞草掉落到地上」，加利亞諾展開了她的習性測試。她推論，這是含羞草在其演化史上沒有經歷過的事情：這是一種全新的經驗，因此含羞草的反應，會是檢驗其學習能力的好方法。

眾所周知，當你觸摸含羞草或以某種方式干擾它時，它的葉子會閉合。這是一種防禦機制，或許是演化用來嚇走昆蟲的。加利亞諾先將含羞草從離地面只有15公分的高度掉落，含羞草一開始的反應如她所料：它們的葉子閉合了。但是在第四、第五，或第六次掉落之後，它們不再有反應。含羞草的葉子保持張開。

它們並不是因為葉子太費勁而沒力氣了。含羞草對於實體的接觸（或許是昆蟲攻擊），還是會有葉子閉合的反應。相反的，含羞草似乎認為，這種新的掉落經驗根本不危險，閉合葉子只是浪費能量而已。這正是你在動物身上發現的習性。含羞草從經驗中學到了東西。

還有更奇怪的。一星期之後，當加利亞諾再度進行掉落實驗時，含羞草竟然還記得。它們還是沒反應。因此，它們不僅學會了某件事；它們還儲存了它們學會的資訊。甚至一個月之後，含羞草依然記得，如果感覺自己突然掉落，不用那麼麻煩將葉子閉合起來。這是某種長期記憶的明確證據。而且這和小型動物的習性可以相提並論，例如，蜜蜂可以記得牠們的習性長達48小時。

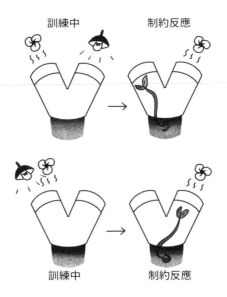

訓練中　　　　　制約反應

訓練中　　　　　制約反應

（上圖）已經學會從風聯想到沒有光的植物，會遠離有風的方向生長。
（下圖）已經學會有風就會有光的植物，即使在沒有光的情況下，也會
　　　　朝著有風的方向生長。

　　很令人印象深刻吧！但事情還沒完。接下來，加利亞諾
決定測試，植物有沒有聯想學習的能力。這種學習方式最有名
的，就是巴夫洛夫（Pavlov）利用飢餓的狗來進行實驗，訓練方
式是「鈴聲響起，狗被餵食」，到最後導致狗只要一聽到鈴聲，
就會不由自主的流口水。

　　這次，加利亞諾種的是豌豆，並且設置了所謂的「Y迷
宮」。那不是世界上最難的迷宮：豌豆只有兩種選擇；朝向左側
的管子，或是右側的管子生長。

　　實驗使用兩種生長刺激物：光和風。加利亞諾先讓光從
左側向下照射，並且在同一側安裝風扇將空氣向下吹。果不其

然，在這種情況下，豌豆會朝向左側生長，因為光是它們的食物來源。

但接下來，加利亞諾改變了條件。現在沒有光了。她只用風扇從右側向下吹。結果有62％的豌豆朝向右側生長，想必是因為，它們已經學會將「有風、有光」聯想在一起。

這樣的結果相當驚人，足以說服持懷疑態度的生物學家相信，植物可以學習。當加利亞諾試圖發表關於掉落含羞草的論文時，她遭到十種不同期刊的拒絕。新的豌豆研究則是直接登上《自然》期刊，那是世界上最負盛名的科學期刊之一。

豌豆是個賭徒

事實證明，豌豆不僅是聯想學習者：它們也是賭徒。你可以利用「分盆」種植豌豆來證明這一點，盆中有兩種不同的土壤，豌豆可以選擇生長在其中一種土壤中。

實驗人員可以控制土壤的養分含量，如果可用的養分充足，豌豆會偏向養分濃度不變的土壤。這是規避風險的行為；以安全、有效率為重。但是，如果兩種土壤中的養分含量都很低，它們就會偏向「養分含量隨時間而改變」的土壤。這是有風險的策略，但是在絕望的情況下，隨時改變的養分含量，說不定能提供足夠的生存所需。

感覺上，我們好像已經證明，植物具有智慧及感知能力（以它們自己獨特的方式）。但是，現在我們還要更進一步告訴你，它們甚至可以做簡單的算術。沒錯。植物正在那裡做數學。

白天時，植物從陽光中獲取能量，但這個能量來源到了晚上便無法利用。這是個問題，因為基本的細胞作用仍然需要能量。植物很聰明（這還用說，你早就見怪不怪了），它們竟然以

澱粉的形式，儲存白天時產生的部分能量。當夜幕低垂，它們便以恆定的速率分解澱粉、釋放出能量。

然而，真正有趣的是，等到黎明來臨，它們差不多剛好

還有這些電影

在1986年翻拍的經典B級電影《異形奇花》（*Little Shop of Horror*）中，莫拉尼斯（Rick Moranis）在日食期間，從中國花店買了一株不尋常的植物。這株植物稱為奧黛麗二號（Audrey II），它顯然嗜食人類的血肉，因此，一開始莫拉尼斯先用自己的血液餵它，後來又獻上死去的史提夫馬丁（Steve Martin）。很有趣的電影。

導演沙馬蘭（M. Night Shyamalan）所執導的電影《破‧天‧慌》（*The Happening*）比較黑暗一點：人類和他們的汙染方式對地球構成了威脅，於是植物展開反擊。它們將神經毒素釋放到空氣中，毒素進入人類的大腦，使人們紛紛想要自殺。

正如電影中的角色所言，這就像是紅潮（red tide）症候群的陸上版本。紅潮是近幾年來在太平洋中觀測到的真實現象，那些地方的有害藻華一直在產生毒素。如果大量攝入這些毒素，會影響人類的大腦功能，造成噁心、記憶力減退、癲癇發作，甚至可能死亡。

可以想像的是，由於汙染造成的後果，植物可能會開始產生新的揮發性化合物。這些新的化學物質，可能會對人類造成無法預期的影響。但願，這種事情和致盲的流星雨不會同時發生。

用完儲存的澱粉，準備重新開始。這代表，它們的預算抓得很準。它們知道自己有多少澱粉，有多少時間要做定量分配，這樣才能在黎明時剛好用完。

為了瞭解這種現象，研究人員控制實驗室裡的光照，以便有效改變植物夜晚時間的長短。結果怎麼樣呢？你猜對了。這些植物重新計算得剛剛好，調整它們的澱粉降解率，而且預期的黎明時刻一到，依然剛好用完它們的食物儲備。

它們能做到這一點，唯一的方法是：首先，它們有時間意識。植物具有內在的日夜生理時鐘，和動物一樣。其次，它們能夠執行涉及除法的計算。基本上，它們必須將澱粉數量除以直到黎明為止的預期時間長短。

植物是怎麼辦到的？我們不確定，但有一種解釋是，其中牽涉到兩種特定的蛋白質分子。一種和澱粉的數量有關，另一種則和直到黎明的時間長短有關。第一種分子加快澱粉的分解速率，而第二種分子則是抑制澱粉的分解速率。因此，它們的作用相反。植物控制本身系統中兩種分子的相對含量，來控制澱粉的使用速率。相當聰明吧！

或許，我們應該擔心植物的能力，最好的證據是：植物已經接管全世界，而且正在控制我們。地球上82％的生質是植物。是植物的演化成就在維持動物的生命，而不是反過來。很遺憾告訴你這些事情，但植物不是寄生者。我們才是。

沒有植物，我們就會徹底完蛋。以小麥為例，它是地位節節高升的全能植物。如果你相信，任何生物的最佳結局是稱霸全世界，那小麥正是真實的成功故事。一萬年前，它只局限在中東地區，和眾多的其他野草爭奪地盤與資源。它毫不起眼。然而，它誘使我們發明農業，結果使它本身遍布世界各地。

如此看來：誰才是最大贏家？是培育小麥的人類（結果，

從此有了背痛的問題和其他疾病），還是小麥本身？在農業革命之前，人類是以狩獵採集維生的遊牧民族。透過不同的季節性飲食，人類的食物供應充足。但是，當人類開始耕種之後，變成固定待在同一個地方。他們必須除草、犁土、播種、引水澆灌幼苗。基本上，人類必須小心翼翼伺候小麥的所有需求，因為人類完全仰賴小麥的收成。我們變成了植物霸主的奴隸。卑微的人類，認清自己的地位吧！

第**9**種末日

年老體衰

「到了最後，你還是不得不放手。」
——《班傑明的奇幻旅程》(*The Curious Case of Benjamin Button*，2008）

大衛芬奇（David Fincher）執導的《班傑明的奇幻旅程》，改編自費茲傑羅（F. Scott Fitzgerald）的短篇小說，劇中返老還童的主角班傑明，由布萊德彼特（Brad Pitt）飾演。

雖然故事聽起來好像很有趣，但其實不然：班傑明的感情生活很坎坷，幾乎是不可避免的悲劇。儘管如此，人們長期以來熱中於延緩、停止、甚至逆轉生物時鐘，因此，觀看班傑明展現的生命歷程，很難不感到一絲嫉妒。那麼，我們可以騙過時間，逆轉衰老的摧殘嗎？

作者愛哈拉：**輸給前妻**

 《班傑明的奇幻旅程》於 2008 年耶誕節上映，直接攻占北美票房排行榜第二名。

打敗它的是哪一部電影？

 《馬利與我》。是一部關於小狗的浪漫愛情電影，由布萊德的前妻珍妮佛安妮絲頓主演。

哦，那布萊德心裡一定很不是滋味。不過，《班傑明》想必更受影評青睞吧？

 是啊，它獲得十三項奧斯卡獎提名，結果贏了三項。話雖如此，《馬利與我》倒是在 2009 年青少年票選獎（Teen Choice Awards）中獲得「最佳親吻獎」提名。

喔對。大大的親吻。

我們不得不承認，《班傑明的奇幻旅程》電影裡沒有太多科學成分。令人失望的是，醫學界竟然沒人調查，班傑明為什麼會返老還童。唯一試圖提出解釋的，是他一生的摯愛黛西，她認為，這件事情和法國盲眼鐘錶匠蓋圖（Monsieur Gateau，法文意為「蛋糕先生」）的作品有關。

第一次世界大戰造成這麼多的年輕人死亡，為了紀念這場悲劇，「蛋糕先生」製作了一座逆轉的時鐘。在班傑明快要出生時，這座時鐘被掛在美國紐奧良的火車站，在班傑明成為嬰兒即將死亡時被換掉。

這不太像是解釋，對不對？但倒是讓我們所有人思考結局。就算我們想方設法，避免過早死在殺手機器人、病毒大流行、核戰爭、小行星，或植物（管它是什麼東西，那根本不重要）的手裡，有一件事情依然是我們保證躲不過的，那就是老去，或者更確切的說 —— 生命的結束。有時候，甚至不用等到「老去」；「英年早逝」這個字眼，也說明了死亡的必然性。我們都知道，死亡終將來臨，只是希望能盡量撐下去，能撐愈久愈好。

我們愈來愈接近死亡，跡象夠明顯的了。我們在別人身上看到這些跡象，然後，漸漸的（令人沮喪的），我們也在自己的身上看到它們。這就是為什麼，每個看到班傑明嬰兒模樣的人都驚駭不已：如果生命一開始就像那樣，還有什麼好指望的？嗯，這個問題的答案，取決於我們變老時的實際情況。那正是我們還在摸索的事情。

亞里斯多德是個很愛想東想西的人，他認為，衰老是「生命之熱」（vital heat）逐漸冷卻，直到最終完全熄滅。你也看得出來為什麼。衰老正是功能隨著時間慢慢退化，直到最後完全失去功能：死亡。但是，關於衰老，好玩的是（至少乍看之

下），你還以為演化早已擺脫它了。

為什麼演化無法淘汰衰老？

長久以來，衰老及死亡的主要解釋是，這樣會「騰出空間」。死亡是為了後代，確保後代有足夠的資源成功繁殖，進而造福整個物種。但是，由於兩個彼此相關的理由，那樣不太解釋得通。

第一個理由是，物競天擇的演化，只適用於個體層面。演化根本無法選擇事物，為整個物種帶來好處，因此，為下一代「騰出空間」的概念，是不切實際的。

第二個理由是，在所有其他條件都相同的情況下，長命生物會比短命生物擁有較多的後代。本質上，這是任何生物的終極目標，也是演化大力促成的事情。長命生物的繁殖成效比較高，代表它的生態位會由先天傾向於長命的生物來填補。死亡會退卻到遙遠的天邊。

無論如何，「自然」死亡並不是生命之網的主要部分，使問題變得錯綜複雜。在自然界中，大部分的生物並不是由於衰老而死亡，而是由於外在因素，例如被掠食性動物吃掉、搶不到食物、發生意外、生病、分娩時難產等等。

這一切都意味著，老年本身並不如你所想像的那樣，頻頻揮舞著死神的鐮刀。通常，在必須應付衰老的影響之前，大多數的個體恐怕早就死了。在演化塑造物種的過程中，「由於衰老而死」根本不算在內。

當你明白，天擇對於繁殖停止後（即老年）才出現的衰老症狀，根本發揮不了淘汰作用時，這點就變得更顯而易見了。動物不會因為看見他們潛在伴侶的父母親老了以後的模樣，就

拒絕那個伴侶。

　　某些基因突變，可能會對晚年生活造成負面效應。比方說，遺傳因素造成邁可的髮際線節節後退（禿頭）。等到他飽受痛苦的伴侶明白，他那引人遐思的健康秀髮再也留不住時，這種突變早就傳給後代了。

　　在這種情況下，天擇沒有辦法將這種突變從種群中消除。也有可能，這些突變不會變得很明顯，因為生物無法活到老年階段。它們只會悄悄的潛伏在基因組中。如果傳給下一代的基因，比髮際線後退還要糟糕（確實還有更糟糕的事情），則基因系列將會永久受到連累。

　　這個概念，構成了解釋衰老演變的兩種主要理論的基礎。這兩種理論其實非常相似，事實上，它們很可能是並行的。第一種理論稱為「突變積累」（mutation accumulation）。如前所述，晚年才會出現的有害突變，不會從基因庫中被移除，因此類似的突變會日積月累，產生我們所謂的衰老效應。

　　第二種理論是「拮抗基因多效性」（antagonistic pleiotropy）。多效性基因（或突變），是影響兩種或多種表徵或特徵的基因。該理論指出，某種突變在生命的早期和晚期，可能會有相反的效應。所以，它在生命的早期可能是有益的（比方說，使你成為厲害的獵人），因此增進繁殖成效。天擇會偏好這種突變而選擇它。但是，相同的突變，在生命的晚期卻有負面的影響（例如掉髮），此時選擇的壓力已經不存在了。因此，同樣的，與我們年齡有關的負面效應也會累積。

　　稍後我們會進一步討論衰老細胞（這些細胞已經停止分裂）的潛在意義，但現在，它們提供了一個有趣的例子，說明天擇對於後來才顯現的負面效應是盲目的。

　　在生命的早期，衰老細胞可以發揮抑制腫瘤的作用，保護

身體避免癌症。這是有利的效應，因此演化選擇了這種細胞。但是不久之後，這些相同的細胞可能會開始產生反效果，它們變成了致癌物，因為它們會導致發炎。簡單套句歐比王‧肯諾比（Obi-Wan Kenobi，《星際大戰》系列電影中的角色）的話來說：它們變成了它們發誓要摧毀的東西。

衰老是什麼？

那麼，總的來說，我們所謂的「衰老」究竟是什麼東西？

身體慢慢失去自我修復的能力，這似乎是一種意外的現象。如同沒有接受定期維護的任何機器，我們的身體開始故障。輕度發炎擴散；我們的粒線體（細胞裡的小小能量工廠）功能變差；有的細胞開始失控繁殖（這就是癌症）；有的細胞死亡，行為有如殭屍（這些就是之前提到的衰老細胞）。染色體受損而瓦解。我們的器官和組織遭到有機廢物堵塞。這完全是一場噩夢。但是別忘了，這是意外。

正如探討衰老的研究人員科克伍德（Tom Kirkwood）所言：「現在我們知道，衰老既不是不可避免的，也不是必要的。」我們也知道，只要夠小心的話，意外是可以避免的。難道不是這樣嗎？

衰老是不可避免的嗎？

如果我們將衰老與死亡視為生物作用的意外，而不是演化設計的，那我們就有希望能消除這場意外。如果這聽起來像是現代的瘋狂概念。你說對了，確實如此。因為，衰老其實是現代才有的問題。

作者愛哈拉：**返老還童的理由**

 費茲傑羅有點無聊，竟然想到要寫一個男人莫名其妙返老還童的故事。

什麼意思？

 嗯，巴拉德（J.G. Ballard）寫了一篇故事，叫做〈F先生就是F先生〉（Mr F. is Mr F.）。是在說有一個男人，在他的妻子懷孕時回復到嬰兒時期。但我最喜歡的，是柯南道爾（Arthur Conan Doyle）的〈匍行者探索〉（The Adventure of the Creeping Man）。有一個老傢伙，想要恢復年輕時的性欲，因此給自己注射了猴睪丸粉末。

有效嗎？

 很難說。性欲達到極點，但他變成了人猿。

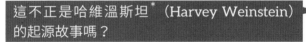這不正是哈維溫斯坦*（Harvey Weinstein）的起源故事嗎？

 這嚴重冒犯了我們的猿猴朋友。

* 好萊塢製片人，被指控曾性侵多位女藝人

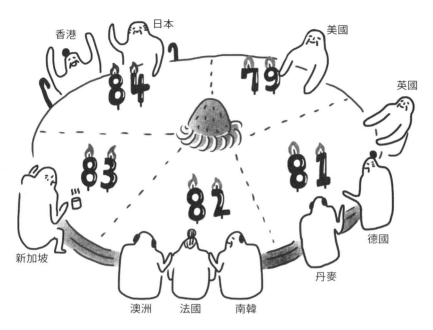

自1900年以來，人類的預期壽命已經不只翻了一倍。
（來源：世界銀行）

　　在我們絕大部分的歷史中，我們一直在應付那些殺害我們的外部因素。我們落實了衛生設備、疫苗接種、藥物治療、穩定的食物供應、手術等等。我們已經變得非常厲害，以至於過去一百年來，發達國家的人口壽命不只翻了一倍。如今，我們活的歲數，遠超過我們演化史上所能達到的歲數：老人是新的事物！

　　所以，直到現在，我們從來不曾為了應付衰老本身而煩惱，因為我們幾乎接受了老化是不可避免的。但是，這種觀念開始改變了。我們可以將衰老的生理效應視為需要解決的問

題，就像我們解決和飲用汙水的生理效應有關的問題一樣。

自然演化確實給我們帶來了希望。以燈塔水母（*Turritopsis nutricula*）為例。燈塔水母屬於水螅蟲類（hydrozoan），是小型海洋生物。燈塔水母的生命週期有兩個不同階段：牠的幼年狀態是水螅，成年狀態則是水母，看起來很像典型的水母。到目前為止都很正常。我們看到很多生物也有類似的雙重生命階段，包括蝴蝶和青蛙。

但燈塔水母的詭異之處，就是當身體受損（或環境壓力）時，會導致成年的水母回復到幼年的水螅型態。在適當的時

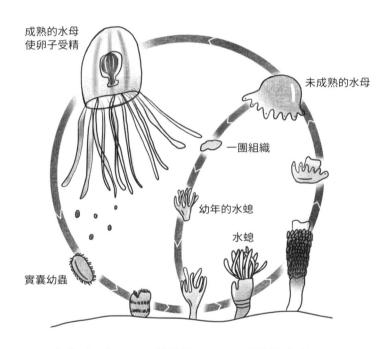

**永生水母可以正常繁殖，也可以逆轉衰老，
回復到未成熟的狀態。**

候，牠又會再度變成水母。而且這種重複似乎永無止境。牠可以重新來過的次數，似乎沒有極限。就某種意義來說，牠是永生不死的。難怪牠被戲稱為「班傑明巴頓水母」。造成這種現象的機制還在研究中，但我們知道，當牠返老還童時，牠經歷了細胞的轉分化作用，就是某一種細胞型態轉化為另一種細胞型態。這種作用如何被其他生物利用，還沒有人知道。

永生水母並不是唯一長生不死的生物。渦蟲（planaria）是一種扁平蟲，它們是複雜的生物體，具有左右對稱性、大腦和其他的內部身體構造。它們也是動物界中強大的再生者。它們可以從一小塊殘餘的身體部分，重新長出整個身體，包括大腦。這在很多層面上都是難以想像的，尤其是因為，它們被斬首之後，似乎可以將某些記憶轉移到它們的新大腦。不過，這樣有一個具特殊意義的後果，那就是，從來沒有人見過變老的渦蟲。它們只是在看似無窮無盡的生命中，不斷的修復及再生它們的整個身體。

暫且先不談真正的永生，利用各式各樣的技術，包括飲食（限制卡路里）與基因改造（抑制生長因子信號基因），我們已經成功使小鼠、蟲類和果蠅的壽命大幅延長。如果同樣的事情在我們身上行不通，那就表示，我們是奇特的例外，有別於自然界的其他部分。這當然不可能。

不過，要是沒有積極努力，人類也不可能奇蹟般的延長壽命。在過去兩個世紀以來，我們的平均預期壽命一直在穩定增長，但增長率似乎正在放緩，終究會停滯不前。

據信，有史以來最長壽的人活到了122歲。法國、日本、美國和英國的「超級百歲人瑞」（尊稱活到110歲或以上的人）人數最多。在這些族群中，每年的最高死亡年齡（某一年內死亡者的最高年齡）一直在增加；但是自1990年代以來，已穩定

達到115歲左右，儘管平均壽命還在持續增加。這代表，人類壽命的「自然極限」，大約是115歲（忽略總是會冒出來的異常值）。

這樣的人類壽命極限很符合所謂的「海佛烈克極限」（Hayflick limit），該結論認為，我們的最高壽命約為120歲。在海佛烈克（Leonard Hayflick）1960年代初的研究之前，人們認為，正常的人類細胞可以持續不斷的分裂。藉由觀察培養皿中的細胞分裂，海佛烈克證明，細胞事實上只能進行四十到六十次之間的有絲分裂（細胞分裂和複製），之後就會步入某種形式的死亡。

當然，我們的情況並非突然死亡。不同於海佛烈克的細胞，我們不會突然停止運作。實際的情況是，我們將生命最後五分之一左右的時間，用來對抗日積月累的生化功能喪失，功能喪失愈來愈嚴重，就會造成退化性疾病。這種狀態稱為「晚年發病」（late life morbidity），對所有人來說都是壞消息。

個人要應付愈來愈多與衰老相關的事情，社會（不只是在那些有福利制度的地方）則是承擔可觀的費用。在美國，全部的醫療費用中，有80％與晚年慢性疾病有關。如果不想辦法延緩、停止或逆轉衰老，我們可能會陷入嚴重的經濟困境。年老體弱者的長期照護是一項挑戰，而且永遠不會消失。據估計，從2015年到2030年，全世界年齡達到60歲以上的人數，將從9億躍升至15億。到了2050年，人數預計將超過20億。

抗老革命

不過，許多研究人員認為，我們可以扭轉這種趨勢。他們展現出兩種不同（但彼此相關）的企圖心。第一種是延長壽

作者愛哈拉：**花美男不好當**

 班傑明小時候的模樣，是根據「早年衰老症候群」（Hutchinson-Gilford progeria syndrome）的後期階段。

是不是那一種「小孩子看起來很老」的可怕疾病？

 對。布萊德彼特每天必須在化妝椅上坐五個小時。

歡迎來到我的世界。

命；讓人們活得更久。對個人或社會而言，只延長壽命，這樣並不是太理想。第二種則是延長「健康壽命」：延長的壽命要活得健康，不受衰老的不利影響所苦。近年來，研究人員開始愈來愈注重後者。你也明白為什麼：無病無痛的老年生活，這種想法非常吸引人，而且確實有很大的潛在商機。因此，既然沒有理由懷疑其可能性，那我們就開始介紹正在探索中的所有途徑吧。

班傑明的養母告訴他，我們注定會失去我們所愛的人。「我們還會有別的辦法知道，他們對我們有多重要嗎？」養母昆妮問道。但這個觀點是有問題的。我們不必等到失去某人，才知道他們對我們很重要，因此，我們不一定要接受，衰老是無可奈何的事情。

正如我們之前所看到的，隨著時間流逝，我們的身體積累了已經步入衰老的細胞。它們磨損了、停止分裂了，無法被修復，只能坐以待斃。它們在生命的早期會被清除，但在老年時不會。

　　更糟的是，它們的存在是有毒的：它們會破壞周圍的組織，分泌可導致輕度發炎的蛋白質。換句話說，它們是壞消息。研究顯示，將取自於年老小鼠的衰老細胞注入年幼小鼠的體內，會導致年幼小鼠過早衰老。

　　這就是為什麼，我們正在研發「清除衰老細胞藥物」（senolytics），這種藥物可以找出並破壞這些老舊不堪的細胞。到目前為止，它們似乎前景看好。2019年年初，這種藥物首度在人體中進行試驗，但研究人員形容其結果為「很初步，但令人振奮」。

　　然後還有禁食。禁食早已被用來當成抗衰老技術，目前它在科學上又有了新的面貌。間歇性禁食與熱量限制，延長了實驗動物的壽命及健康壽命，或許是因為，在困難時期，當養分含量較低時，會促使細胞轉換成某種節能模式。節省能量，意味著盡量減少生化作用，如此一來，促進衰老的作用就會降到最低。

　　在這個方面也有藥物研發：有一組藥物稱為雷帕黴素類似物（rapalogs），它們會抑制涉及代謝的某些生物作用。這個意思是，它們可能會讓身體以為自己正在禁食，進而產生抗衰老的連鎖功效。其中有一種化合物稱為雷帕黴素（rapamycin），已經被證明可以延長小鼠的壽命達14％；針對老年人的初步試驗，類似的藥物也有正面的效果，顯示可以改善他們的免疫系統功能。

　　在所有正在進行測試的抗衰老技術中，或許最令人毛骨悚

然（肯定也是最像吸血鬼）的，就是注射年輕血液。

早在1970年代，科學家當時正在研究連體雙胞胎，因此發展一種特別可怕的手術，稱為「連體共生」（parabiosis）：將兩隻動物（當然啦，通常是小鼠）縫合在一起，讓牠們共用循環系統，因此，血液也共用。意想不到的結果是，跟年老小鼠結合的年幼小鼠過早衰老；但最重要的是，年老小鼠竟然返老還童。年老小鼠的肺部、骨骼、心臟、大腦和其他器官的衰老，似乎有了顯著的逆轉。

首次的人體試驗（不可否認，這個試驗只針對很少數的一群人），給了我們樂觀的理由。患有輕度至中度阿茲海默症的患者，每週接受一次血漿（除去紅血球和白血球的血液）輸血，歷時一個月，血漿來自於18至30歲的年輕人。

對照組則是注射生理食鹽水安慰劑。雖然在患者的認知方面看不出顯著的效果，但在「日常生活技能」方面有明顯的改善，而且沒有嚴重的副作用。

這些輸血之所以引起相當大的爭議，是因為目前還不清楚，它們是如何作用的。不過，有幾家公司正在研究，希望能找到血漿中的「活性成分」。

有一種可能的分子是蛋白質GDF11，其含量會隨著年齡增長而減少。還有某些血液蛋白質的含量，則是隨著年齡增長而增加，因此其他研究小組正在找出阻斷那些蛋白質的方法。據稱的效果，很有可能是血液中一連串複雜的因素造成的，因此在進一步的行動之前，許多專家紛紛提出警告。

年輕「新血」

不過，令人擔憂的是，用於治療失智症的輸血，在美國不

必經過FDA的批准，因此一些公司紛紛把握機會，將年輕的血液變成鈔票。在一場針對佛羅里達州年老退休富翁的座談會上，據說加入試驗小組的費用，竟然高達28萬5,000美元。另一

長知識 ▶ **購買者請注意**

儘管有種種保證及令人振奮的結果，何時才會有合法且證實有效的抗衰老療法，大多數的科學家依然非常審慎看待。部分是因為，製藥業在過去曾經踢到鐵板。

2008年，葛蘭素史克公司（GlaxoSmithKline）以7億2,000萬美元的天價，收購了一家名為Sirtris的生物技術公司。葛蘭素史克認為花這筆錢很值得，因為這家公司研發出第一種抗衰老藥物。

這種藥物稱為白藜蘆醇（resveratrol），紅酒中也含有少量成分，它被普遍認為完全改變了遊戲規則。Sirtris的創始人將這種分子形容為「幾乎是奇蹟」。但關鍵點來了，雖然它延長酵母菌的壽命（哈哈哈）有顯著的成效，但是對人類沒效。於是在2013年，葛蘭素結束了這家公司。

這則警世故事還有一小段有趣的尾聲，白藜蘆醇現在又重出江湖，準備成為抗衰老的英雄。「清除衰老細胞藥物」（senolytics）可破壞衰老細胞，而「調節衰老藥物」（senomodifiers）的目的則是喚醒沉睡的衰老細胞，使它們重新開始分裂。沒錯，一些最有潛力的調節衰老藥物，正是以白藜蘆醇為基礎⋯⋯

家位於加州的新創公司，則是以8,000美元的優惠價格，提供新鮮血漿注射。

如果你不是佛羅里達州的年老富翁，可以試著從自己的「腸道微生物群」著手。從針對小鼠和人類的研究來看，腸道中的細菌種類，似乎隨著年齡增長而減少。同樣的，其機制也是一團謎。所以，那樣的資訊對我們有什麼用處？我們該怎麼做，才能適度恢復老化腸道的微生物群？

嗯，以下的內容，不適合容易噁心的人閱讀。把輸血擱在一邊，讓位給糞便移植吧。是的，你沒看錯。研究人員利用非洲青鱂魚（turquoise killifish）進行研究，以抗生素清除老魚的天然腸道菌群，然後讓這些老魚在遭到幼魚糞便汙染的水中游來游去。老魚自然而然會攝取到一點點幼魚的糞便，糞便中的細菌，便移居到了老魚的腸道中。

到目前為止，實在很噁心。但是，接下來才是真正有趣的地方。當你觀察老魚時，牠們展現的活躍程度，竟然不輸給那些年輕很多的魚。不僅如此，和腸道裡有原始生物群系的對照組相比，牠們的壽命延長了37％。所以這些魚活得更久，而且活得更好。

不過，在你興致勃勃、開始拜託精力充沛的青少年給你一點糞便樣本之前，還是應該要特別注意，這些實驗尚未在任何哺乳動物身上測試過，更別說是人類了。

毫無疑問，你一定正在等我們提到幹細胞。目前你應該很難想得出來，有什麼疾病不能以某種形式的幹細胞療法來治療，事實證明，衰老也沒什麼兩樣。

舉例來說，有一種療程稱為「間充質幹細胞」（mesenchymal stem cell，MSC）療法，在一些小型試驗中，虛弱的老年人只要接受一劑MSC點滴注射，這些MSC是從年輕人的骨髓採集而來

作者愛哈拉：**矮子的優勢**

衰老並不是固定不變的東西。我或許比你老十歲，但我衰老比較慢。

天啊，你要開始講物理學了，對不對？

對。因為你個子比較高，所以你的頭比我的頭承受較小的地心引力。愛因斯坦的相對論說，這樣會使你的頭的生物時鐘過得稍微快一點。

愛因斯坦好棒棒。

如果你說的是愛因斯坦本人，我不確定你這麼說有什麼用，人家是真正的天才。

的。據研究人員形容，試驗結果帶來的實質改善（在健康及生活品質方面）「很顯著」。

最後，我們應該要提到返老還童的表觀遺傳途徑。表觀遺傳干預可以開啟或關閉基因，或者使它們變得較活躍或較不活躍。一般認為，表觀遺傳變化的日積月累，是衰老的關鍵因素，因此，研究人員對小鼠（你猜對了）進行某些基因調整，使成年細胞回復到類胚胎狀態。他們的進行方式是短暫活化四種基因，即所謂的山中因子（Yamanaka factors）。中年小鼠經過表徵遺傳調整之後，受損的肌肉和胰臟都恢復了活力。

這件事情非同小可。透過表觀遺傳修補，不僅有延緩衰老的潛力，而且有可能逆轉衰老，像班傑明那樣。想像一下：

我們有能力回復年輕時的功能。你的老奶奶說不定又能踢足球了。好吧，或許老奶奶不行。或許，連邁可也不行。不過，如果衰老研究的未來按照計畫進行，瑞克還有希望。

「我在想，世上沒有永恆的事，這實在很可惜。」班傑明對黛西說。難怪他有這種感覺。他在老人院長大（長小？），基本上，那裡是等著見上帝的等候室。死亡的必然性，使我們接受這樣的觀念：長壽的人到最後需要的是照護，而不是藥物。但是，我們應該接受嗎？有一個人強烈反對那樣的說法，他不接受，衰老是無法逃避的，這個人就是德格雷（Aubrey de Grey）博士。

活到一千歲？

德格雷相信，目前還在世的人中，有人會活到1,000歲[*]。你可能質疑，他會這麼說是因為：他經營加州的一家研究機構，稱為SENS，而這個首字母縮寫詞代表「可忽略衰老的掌控策略」（Strategies for Engineered Negligible Senescence），還有頗為討喜的口號：「重新想像衰老。」

但是幾十年來，德格雷一直認為，我們對於衰老的各種元素，向來是隨隨便便做出語義上的區分。有些元素，我們認為是疾病，而且非常熱中於解決。有些元素，我們認為只不過是老化而已；這些問題，由於某種原因，我們選擇不去管它。德格雷的目標，就是要改變這種情況。

德格雷主張，「現在還在世的人當中，有人將會活到1,000

---

[*] 生日蛋糕蠟燭業者對此感到興奮不已，這是可以理解的。

歲」，這當然很有問題。但他根據的概念是，諸如海佛烈克極限及人類壽命的觀察趨勢等等，並沒有考慮到醫學的未來發展。是的，沒有進一步的干預，幾乎可以確定，人類的壽命有它的極限。不過，你很清楚，我們正打算進行干預，對吧？

正如我們所看到的，我們可以將人類的衰老過程分為兩個部分。第一個部分是自然代謝過程產生的細胞損傷。第二個部分則是這種損傷日積月累，在晚年達到某種程度，於是導致各種問題，我們稱之為病變與老年疾病。

為了解決衰老問題，人們已經找出兩套基本策略。首先，我們想辦法打破新陳代謝與損傷之間的連結，使這些過程最終不再導致疾病。其次，我們使身體的細胞變得更強健，這樣它們便可承受較多損傷而不會喪失功能。不幸的是，嚴格來說，這兩種方法都很困難。我們的代謝功能極為複雜，而我們才剛開始瞭解它們而已。

幸運的是，德格雷並沒有被這些問題難倒，因為他主張走第三條路。以機器來比喻：為了使機器的使用壽命比原先預期的還要長，我們會定期保養機器；利用類似的方法，他認為，我們應該有能力定期修復某些細胞損傷，避免細胞達到致病的程度。比起試圖干預原因（我們的新陳代謝）或後果（疾病），這樣應該容易達成多了。

德格雷已經找到，有七種不同類型的損傷可以被修復，這些大致可歸類為細胞本身的問題，例如癌症、細胞的總體損耗、衰老「殭屍」細胞，以及細胞內部的問題，例如無用生物材料的累積和粒線體功能異常。

這類「可行」的抗衰老方法，在矽谷頗受歡迎。這就是為什麼，德格雷的SENS拿到了貝寶公司（PayPal）聯合創始人提爾（Peter Thiel）的資金贊助。

什麼都不做，反而活更久

對於那些想要健健康康活久一點，但是又不想那麼麻煩去注射年輕血液、糞便移植，或禁食挨餓的人來說，齧齒動物或許帶來了一些好消息。

在冬季期間，條紋毛足倉鼠（Djungarian hamster，一種受歡迎的寵物）會經歷奇妙的轉變。牠不會冬眠，但是會經常進入蟄伏狀態，此時牠的代謝功能會減慢幾個小時。在這段期間，它的灰色皮毛會變成白色，體重減輕一些，性器官也會萎縮。真好。

在實驗室進行研究時，處於低溫環境的倉鼠，比處於高溫環境的倉鼠更常進入深度蟄伏狀態。真正令人驚訝的是，在倉鼠睡眠期間，牠們的端粒（telomeres）變長了。

端粒是位於染色體末端的DNA重複序列，本來就會隨著時間而逐漸變短。事實上，端粒在每次細胞分裂時都會變短。常見的比喻是，它們的作用如同鞋帶末端的塑膠頭，可防止DNA磨損。端粒的長度和壽命之間有明顯的相關性：生命早期時端粒較短的動物（包括人類），往往壽命較短，而且與年齡有關的疾病會較早發作。不過，有證據顯示，健康的生活型態改變，可能會使端粒再生。尤其是運動，似乎可以保護它們。

但是，倉鼠正在改寫這種觀念。一般的建議可能是：等你閱讀完本章，就去跑步，但現在我們不太確定了。倉鼠的籠子愈冷，牠的端粒在蟄伏期間就變得愈長。對倉鼠DNA的完整性來說，這是好消息，對牠們的壽命來說，可能也是。所以，何不將冷氣開到最強，好好的睡一覺呢？

提爾曾經做過平庸至極的觀察，認為死亡是一件「很糟糕的事情」，因此他寧願抗爭。

其他幾家矽谷公司也站在同一陣線，包括Calico（谷歌成立的公司，致力於解決衰老問題）和聯合生物科技公司（Unity Biotechnology，由亞馬遜創始人貝佐斯自掏腰包資助）。同時，祖克柏（Mark Zuckerberg）也投入了數十億美元，希望治癒「所有的」疾病，基本上，這是很大膽的。

這麼多公司紛紛嘗試製造抗衰老藥物，這是好事，因為這增加了「某一家公司成功研發真正有效的抗衰老治療方法並且上市」的可能性。眾所周知，藥物研發非常困難。假如藥物在「從小鼠到人類」的關頭沒有遇到障礙（大約有90％會遇到，這意味著，科學新聞的粗體字標題通常值得細讀），那它們很可能會在「真正成為商品」的關頭遇到障礙。很少有藥物和療法可以達到那樣的地步。

壽命逃逸速度

儘管如此，我們終於來到這樣的人類歷史階段：對抗衰老、甚至可能逆轉衰老，成為嚴肅的科學目標；這可能足以拯救我們。如果你認為，這聽起來很荒謬，考慮以下的概念。當德格雷談到有人活到1,000歲時，他所想像的，並不是他們在60歲時接受一次治療，然後就很神奇的再活940歲。相反的，他深信，人類可以達到他所謂的「壽命逃逸速度」（longevity escape velocity）。

這是很吸引人的概念。想像一下，在十年之內，60歲的人可以接受某種治療，使他們年輕20歲。這代表，他們到了原本年齡的80歲時，身體的生物功能顯得只有60歲。

老年人重拾青春的故事,在電影中表現出色:誰不喜歡電影《魔繭》?有一群老年人受到友善外星人的幫助,使他們老弱多病的身體恢復活力。

或是《金盞花大酒店》裡的老頑童住客,他們發現,生命並不會隨著退休而結束。不過,退休後的日子,不見得是黃金歲月:《金池塘》(On Golden Pond)探討衰老與失智的破壞威力,為亨利方達(Henry Fonda)贏得奧斯卡獎。

類似的主題,也讓茱莉安摩爾抱回奧斯卡獎,她在《我想念我自己》電影裡,刻劃了失智症的殘酷無情。還有《內布拉斯加》(Nebraska),布魯斯鄧恩(Bruce Dern)在劇中飾演一名老邁、困惑、甜中帶苦的男人,抗拒家人將他送進養老院的企圖。

如果你想要嘗嘗衰老的苦樂參半滋味,皮克斯的《天外奇蹟》可能是最好的電影。

在那個階段,衰老的問題恐怕還沒完全解決,但是很有可能(說不定、也許),在這二十年之間又會有更多的進展。這意味著,屆時80歲的人(以生物功能來說,只有60歲),可以選擇另一種更好的回春療法。說不定,由於那時候的醫療進展,同樣的錢,可以讓他們年輕30歲。

等到他們100歲生日時,二十年的維護週期又屆滿了,他

們的身體功能顯得只有50歲而已。但是我們又會更進步（畢竟，那時候幾乎是22世紀了），他們的生物時鐘，現在變成倒退了四十年。

　　基本上，他們成了青少年。從那時候開始，他們只需要偶爾進行抗衰老調整，就能長生不老。雖然情境和《班傑明的奇幻旅程》不一樣，不過，這依然是非常誘人的理論。而且，如果抗衰老研究人員能夠實現理論的假設，世界將為之改觀。你會說，不用了，然後平心靜氣的接受死亡嗎？不會的，我們也不會。

核武浩劫

「設計末日機器的目的，是為了讓它自我啟動。」

——《**奇愛博士**》（*Dr. Strangelove*，1964）

著眼於核戰威脅及其悽慘下場的電影，比比皆是，但最佳的例子，當然還是史丹利庫柏力克的經典黑色喜劇《奇愛博士》，副標題為「我如何學會停止恐懼並愛上炸彈」（How I Learned to Stop Worrying and Love the Bomb）。

　　這部電影是在五十多年前的冷戰時期製作拍攝的，於1964年上映，它想像的情境是，有一位美國將領因為精神失常，決定對「共產主義者」發動全面性的核攻擊。原因何在？因為這位將領腦中幻想，共產主義者正在使用氟化物破壞美國人的「珍貴體液」。

作者愛哈拉：**猜明星**

猜猜看，《奇愛博士》是哪位好萊塢明星的電影處女作？我給你一個提示。札蒙達（Zamunda）國王！

恐怕我還需要多一點提示。

我是你的父親。

哦，等一下……詹姆斯·厄爾·瓊斯（James Earl Jones）＊！

很好。他飾演轟炸機中的一員，名叫Lt Zogg。

＊　詹姆斯·厄爾·瓊斯曾經飾演《來去美國》的非洲國王，以及《星際大戰》的黑武士。

電影接近尾聲時，人們看到某個角色騎在美國的氫彈上，一路狂嘯，朝著俄國的軍事目標飛去。沒錯，這是在諷刺，但令人驚訝的是，事實證明，這可能是整部電影中難得一見的「不合理」時刻。

什麼是原子彈？

當初研發核彈時，有些人根本不知道，這項技術會徹底改變遊戲規則。他們認為，廣島或長崎的災難，只不過等於或小於戰爭期間對德國城市德勒斯登（Dresden）造成的破壞。但是，德勒斯登是在一段時間內遭受數百架次飛機轟炸，那兩座日本城市則是遭到單一行動徹底摧毀。正如愛因斯坦所言，我們突然陷入「空前的大災難」。

1946年，有一位美國軍事戰略家評論說，軍隊的主要目的，本來是打贏戰爭。「從現在開始，」他說：「其主要目的，必然是避免戰爭。」從許多方面來說，《奇愛博士》正是史丹利．庫柏力克對此艱難任務所做的貢獻。雖然極盡搞笑之能事，但這部電影的根源是很嚴肅的：在準備劇本時，庫柏力克閱讀了五十幾本核武器方面的書。

首先要說明的重點，就是原子彈和氫彈之間的區別，原子彈是1945年美國在日本投下的炸彈類型，靠的是核分裂所產生的能量釋放，和核能發電廠的發電原理相同。重的放射性元素（如鈾和鈽）可分裂成較小的原子，每次分裂都會釋放能量。最後原子的總質量，會略小於原始原子的質量，「喪失」的質量被轉換成能量 —— 龐大的能量。你大概還記得，愛因斯坦導出當今世界上最著名的方程式（$E=mc^2$），描述質量與能量的等效性。

原子彈仰仗的，就是使大量的這些重原子彼此碰撞，這樣

會導致它們分裂，釋放出高能量的中子（和其他物質），高能量的中子又撞向其他原子，使這些原子分裂。這些原子又釋放出更多中子，導致更多的原子分裂，這就是失控的連鎖反應，可產生巨大的爆炸能量。第一次（也是唯一的一次）在戰爭中使用的原子彈，落在廣島和長崎，分別產生相當於1萬4,000噸及1萬8,000噸TNT炸藥的能量。

另一種類型稱為氫彈或熱核彈，利用的則是核融合，威力遠比原子彈強大。核融合與太陽產生光與熱是同樣的過程，因此你可以這麼說：我們的存在都歸功於它。但是，核融合所賜予的，有朝一日，核融合或許又會奪走，除非我們確保，世界上的氫彈永遠不會引爆。

核融合涉及結合兩個或多個較小的原子，通常是氫的重同位素，例如氘（deuterium）或氚（tritium）。要啟動核融合反應，必須輸入大量的能量。所以事實上，氫彈是「兩彈合一」：第一顆炸彈先啟動核分裂反應，使第二顆炸彈引發後續更劇烈的核融合反應。

核分裂反應是引爆機制，提供核融合所需要的能量。這種能量轉換的機制受到嚴格保密，原因很明顯。在某些炸彈的設計上，核融合產生的高速中子流，又會與核分裂部分的重原子碰撞，導致進一步的分裂。因此，兩種反應彼此助長。

氫彈的研製，是在第二次世界大戰過後。美國在1952年進行第一顆氫彈測試，威力相當於900萬噸TNT炸藥。但據信（我們不太想查清楚），氫彈爆炸的威力，可能高達最大原子彈的1,000倍。不只是爆炸本身，其後果更是可怕。

當1萬4,000噸的原子彈在城市上空引爆時，地面零點的溫度將會高達數千萬度。能量不僅以熱的形式釋放，爆炸的衝擊波也會引起巨大的氣壓波動與高速的風，還有輻射。

大小很重要

在冷戰期間，俄國人（和美國人）渴望藉由研發更恐怖的熱核武器，來鞏固本身的霸主地位。1961年，蘇聯進行有史以來最大的核彈試爆。試爆的是綽號為「沙皇炸彈」（Tsar's Bomb）的核彈，重達27噸。

由於體積太大，無法裝進特殊改造的載運轟炸機，因此蘇聯人將核彈綁在機身的底部。核彈利用巨大的降落傘，在蘇聯最北端的巴倫支海（Barents Sea）某群島上空投落。

爆炸釋放出約5,200萬噸TNT炸藥的能量，是摧毀廣島的那顆原子彈的將近4,000倍。在群島上，距離「地面零點」（ground zero，地表上最接近武器爆炸的地點）55公里的村莊慘遭夷為平地。

這枚炸彈更特別的是，它本來應該更大。沙卡洛夫（Andrei Sakharov）是負責建造炸彈的俄國科學家之一。他設計出一種分層式武器，稱為「千層蛋糕」（sloika）。每一層皆以鈾隔離，這些鈾在爆炸時也會進行核分裂，預估它的威力相當於9,100萬噸TNT炸藥。

沙卡洛夫擔心，測試這套裝置，恐怕會導致災難性的放射性塵埃遍布整個蘇聯，所以他修改設計，用鉛取代鈾層，以減少核反應的強度。

許多人認為，沙皇炸彈是兩年後（1963年）簽署《部分禁止核試驗條約》（Partial Test Ban Treaty），進而結束大氣層試驗時期的原因之一。到今天為止，沒有任何其他武器可以和它相提並論，而且核試驗只能在地底下進行。

在半徑數百公尺範圍內，一切都將灰飛煙滅。一團巨大的火球形成、上升，一面上升一面冷卻，膨脹形成眾所熟悉的蘑菇雲。在爆炸中心周圍的廣闊地區上空，遭到汙染的碎片從雲端掉落，形成致命的放射性塵埃。即時性的局部影響極為嚴重，根據人口密度，會有數萬人甚至數十萬人死亡；長期性的影響，最終會導致更多人喪生。

後遺症

1980年代，包括薩根（Carl Sagan）在內的科學家，率先開始研究核戰爭使地球陷入「核子冬天」的可能性。他們發現，大型隕石撞擊（例如擊中墨西哥、消滅非鳥類恐龍的那顆隕石，詳見〈第2種末日〉）與「小規模」核戰爭之間，必然存在相似之處。這樣一場戰爭，可能涉及雙方你來我往在各城市產生一百次爆炸、每次1萬4,000噸TNT炸藥威力。

NASA科學家曾利用複雜的氣候模式，來檢驗像這樣雙方交戰的影響。大約會有500萬噸的煙灰（黑色碳顆粒），從城市爆炸產生的烽火注入高層大氣。一旦到了高層大氣，煙灰會遮擋太陽光，持續影響氣溫及地表溫度長達十年之久。全球溫度會降低到一定程度，以至於形成小冰河期。不僅如此，降水率（基本上是降雨）也會減少，臭氧保護層會被耗盡，使更多有害的太陽紫外線到達地球表面。

這些後遺症是真正全球性的：一談到核戰爭，根本沒有「置身事外」這種東西。區域性的核衝突，還是有可能造成全球性的環境影響，導致農作物歉收、數百萬人挨餓，而且由於長期的輻射物增加，還可能導致癌症、生育問題和其他疾病。真的要避免才好……

作者愛哈拉：**人生最後一刻，你要做什麼？**

如果你聽到，炸彈快要丟下來了，你會怎麼辦？

我可能會把朋友找來，一起玩最後一次「戰國風雲」（Risk）桌遊。

在我們人生的最後時刻，你想玩占領世界的遊戲？真是俗氣。

我真的很會玩喔，我通常都會贏。

所以？

如果我即將死於可怕的全球大災難，我希望自己赴死時，感覺像個贏家。

　　在這部影片中，奇愛博士發現俄國擁有祕密的「末日機器」（Doomsday Machine），他不知所措。如他所言：「如果你保守祕密的話，那就完全失去意義了！」什麼意義？他說的正是「賽局理論」（game theory）。

　　在1968年《核武禁擴條約》（Non-Proliferation Treaty）簽署之後，只有五個國家擁有核武器：美國、蘇聯、法國、英國，和中國。過去這幾十年間，擁有核武器的國家已經增加，包括印度、巴基斯坦、北韓，以及沒有公開承認的以色列。自1980年代以來，儘管數量減少，仍然有數以萬計的彈頭遍布世界各地。這麼久以來，我們是如何成功避免核戰爭的？

相互保證毀滅

當然有幾次千鈞一髮的時刻，但是歸結起來，都是因為「相互保證毀滅」（mutually assured destruction，MAD）的嚇阻妙用，而避免核戰。

MAD最早是在1950年代被提出來，當時人們還沒有考慮到煙塵的致命後遺症，以及隨之而來的氣候影響。然而，他們意識到，如果兩個或更多核武強權互相攻擊，傾盡全力展開報復，無論是誰先發動攻勢並不重要。這樣的武器威力，會讓所有人同歸於盡。正如奇愛博士本人所言，「恫嚇是使敵人心裡對攻擊產生恐懼的藝術。」

這有點像是風險很高的賽局，不是嗎？研究人員建立模式的方法，正是利用一門數學分支，稱為賽局理論。這種模式可以讓我們檢視「理性決策者」之間的合作與衝突（手指懸在隱喻紅色按鈕上的決策者，其中有幾個是理性的，這當然還有很多問號）。

賽局理論原本是用來研究博弈遊戲（例如撲克）結果的方法，但是自1940年代以來，它早已被應用在戰爭和潛在的戰爭上。當你的最佳決策取決於其他參與者的行動時，便可利用賽局理論來分析局勢，反之亦然。列出誰是主要人物、他們各自知道什麼、他們想要什麼、他們有能力做什麼、可能的結果是什麼。這樣就能得到合乎邏輯的局勢概要。但是，它不見得能指引你如何走向終局，或是達到你所期望的結局。

賽局理論有個簡單的例子，稱為囚徒困境（prisoner's dilemma）。有兩名罪犯遭到逮捕（姑且稱他們為瑞克和邁可）。假如他們在各自的牢房中被審問時保持沉默，他們就會被釋放。但是他們能夠互相信任嗎？假如瑞克認罪、邁可沒有認

罪，瑞克會被判輕刑，邁可則會被判重刑。因此，瑞克很想認罪，以防萬一邁可先認罪。反過來也一樣：萬一瑞克受不了壓力而屈服，邁可或許會因為認罪而受益。最大的難題是，假如他們同時指控對方，那他們兩個都會被判重刑。

　　最好的結局，就是他們兩個都不說話。但這牽涉到信任，而信任根本不存在。沒有簡單的答案。核戰爭（事實上，任何戰爭）的選項是只有「進攻」或「不進攻」。如果這是單次交

俄國解除武裝　　　　　　　俄國武裝

美國解除武裝

美國武裝

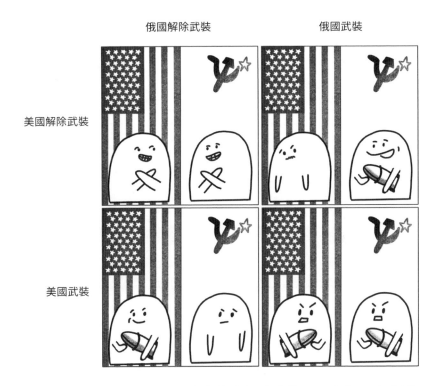

賽局理論說，如果雙方同時武裝或解除武裝，兩方都不會太滿意。（如右下角的狀況）但是，勢力不均衡的話更糟。

易，賽局理論會告訴你，最可靠、最合理的策略是進攻，以囚徒困境來說，就是認罪、出賣你的夥伴。但這並不是單次的，除非你的第一次攻擊就能消除敵人的威脅（我們等一下會討論）。這是長期性的互動，會有報復行為。

以囚徒困境來看，那樣相當於不只審問一回合，而是很多回合，賭注會根據上一回合的審問情況而改變，如果邁可出賣瑞克，瑞克可能會報復。由於你擔心會有報復的可能性，因此，你的行動，不能只是為了自己的短期利益：你的決策，必須長遠來看是有道理的。因此，策略應該轉為合作。這也是最佳的核戰略。

保持報復威脅的可信度，是1970年代至1980年代期間，俄國和美國用來辯解「儲備核武器毫無限制」的部分理由。賽局理論也預測到這一點：假定雙方都可以選擇武裝或解除武裝，即使雙方解除武裝事實上會是最好的結果（沒有核戰爭的可能性；避免龐大的開銷），但是到最後，他們都不會在對手有武裝的情況下冒險解除武裝而變得不堪一擊。因此，雙方都會維持本身的武器裝備……

對這一切而言，有一項假設：你必須相信，你的對手會報復。這就是為什麼，奇愛博士會有「俄國的末日機器是祕密」這種問題。

末日機器是自動報復系統：如果有誰對俄國發動攻擊，只要俄國發現，就會立刻啟動毀滅性的反擊，在沒有任何人類決策的情況下，摧毀整個世界。這種可能性恐怖至極，足以讓你在按下對俄國發動攻擊的按鈕之前，停下來想一想。但是，除非你知道這個自動報復系統的存在，它才有辦法嚇阻你。

還有一項驚人的發展比小說更離奇，早在1970年代，俄國便開始研究幾乎一模一樣的設置。這套系統稱為「死亡之手」

（Dead Hand），萬一來不及請示俄國高層官員，它就會自動發射報復性核武器[*]。他們保密了很多年，也就是說，它不算是恫嚇。看來，並非人人都瞭解遊戲規則。

不過，其實你可以顛覆這整個危險的遊戲。你可能知道這項嚇阻裝置，但是有計畫可以解除它。如果你能夠發動所謂的反作用攻擊（一舉殲滅對手的核能力），這時沒有嚇阻的力量，你便可以肆無忌憚的攻擊了。

為了避免這種情境，俄國和美國四處擴張核武器，確保它們隨時可以從陸上、空中和海上發射。比方說，載有核武器的潛艇，正悄悄的在海裡航行。這些潛艇很難追蹤，因此不容易被殲滅。人們並不是沒有嘗試過：有傳聞說，各國正在研發偵察及追蹤潛艇尾流的方法。儘管如此，想法依然沒變：如果敵方擊中我方陸地上的核武器，我方隨時可以號召潛艇或飛機展開反擊。

這一切的最大問題在於，各種措施與對策，都是在鼓勵軍備競賽。敵方一直在想辦法破壞或削弱我方的恫嚇力量，因此我方也不得不這麼做。畢竟，如果某一方的技術達到某種程度，可以有效偵測及消滅另一方的武器，率先發動攻勢就會成為可行而且有勝算的做法。

結果到目前為止，最大的贏家，正是那些研究、開發、建造及銷售攻擊與防衛技術的公司。這樣一點也不理想，但是往好處想，至少我們都還健在。至少到目前為止都還好。但真的是這樣嗎？

---

[*] 雖然它具有必要的感應器，一般認為，這套系統絕非完全自動化。

作者愛哈拉：**顧問的榮耀**

 有個名叫謝林（Thomas Schelling）的傢伙，他寫了一本關於賽局理論應用在核戰爭的書，書名是《入世賽局：衝突的策略》(*The Strategy of Conflict*)。

是啊，他是電影《奇愛博士》的顧問。

 不只這樣，他還得過諾貝爾獎。

和平獎？

 不是，是經濟學獎。

那很合理。

目前我們有多安全？

有沒有聽說過「末日時鐘」（Doomsday Clock）？這個令人沮喪的概念，是由所謂的「原子科學家公報」（Bulletin of the Atomic Scientists）團體創造出來的，目的是為了顯示，我們距離全球毀滅之日有多接近。概念是：「末日時鐘」的指針愈接近午夜，全球大災難的威脅就愈緊迫。

1947年，末日時鐘從距離午夜七分鐘開始。1953年，末日時鐘最接近午夜，距離午夜只有兩分鐘，當時蘇聯測試熱核設備，而美國才剛在前一年率先進行試爆。在相對和平時期（冷戰結束、1991年蘇聯解體），指針移到距離午夜十七分鐘。但

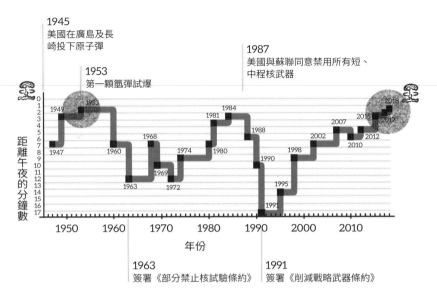

1945
美國在廣島及長崎投下原子彈

1953
第一顆氫彈試爆

1987
美國與蘇聯同意禁用所有短、中程核武器

距離午夜的分鐘數

年份

1963
簽署《部分禁止核試驗條約》

1991
簽署《削減戰略武器條約》

**末日時鐘記錄距離「午夜」（世界末日）的分鐘數，
目前與過去最接近午夜的年份一樣接近。**

是，就在最近，指針又更接近午夜了。由於北韓轉型成為核武國家，2018年1月，指針從距離午夜兩分半鐘，縮短到兩分鐘，至今依然維持在兩分鐘——我們已經追平紀錄！過去兩年以來，末日時鐘一直停留在這個岌岌可危的位置。

指針的移動，究竟是根據什麼來決定，有點令人摸不透，但我們知道，該委員會考量了一連串的因素，而核戰爭的威脅只是其中之一。潛在的災難性氣候變化是另一項因素。他們認為，全球的核秩序「多年來一直在惡化」，2018年特別糟糕，原因我們稍後會討論。

美國在核指揮與控制方面，向來存在矛盾，可以用「總是／絕不」來形容。一方面，在戰爭時期，你「總是」有能力立

即使用你的武器，以便它們發揮恫嚇作用，這是很重要的。另一方面，在和平時期，你「絕不」希望不小心或不由自主發射武器。這些目標顯然互相矛盾。你可以想出許多管理及技術措施，來滿足第一項要求，結果卻使第二項要求更難實現，反之亦然。

在兩種截然不同的情況下，有人決定發動核攻擊。第一種：軍方監視敵人的活動，認為存在緊急威脅。或許，他們懷疑敵人即將發動核攻擊，或是懷疑敵人已經發動攻擊了。在這種情況下，他們會請示總統，總統決定是否同意其他人的建議。如果總統同意，就會進行核攻擊。

理想上來說，總統在下令之前，會先諮詢他的國家安全顧問，但這其實沒必要。這種非常簡化的程序，是在冷戰時代設計的，目的是確保發射指令可以火速發送。萬一搭載核彈頭的洲際彈道導彈正從西伯利亞朝著你的頭頂上飛過來，根本沒有時間拖拖拉拉。

第二種全面升級的情境，才是更令人擔憂的。在這種情況下，總統自己決定何時該發動核戰爭，點燃「全世界從未見過的砲火與怒火」。他直接下達命令，通知軍隊照辦。幸運的是，軍隊在拒絕非法命令方面訓練有素。假如總統試圖這麼做，沒有事先諮詢他的高級顧問，警鈴就會大響（既是象徵也是事實）。國家安全團隊會被驚動，因此總統需要說服他們才能採取行動。這樣最起碼會花點時間。

數位武器

但我們應該擔心的，不只是不當的決策。如今，有一種新的擔憂：敵人現在可能會侵入指揮控制系統，從內部加以破

壞。即使系統沒有連上網際網路，也是一樣。

第一宗（可能也是最有名的）駭客入侵案例是數位武器「震網」（Stuxnet）。這是一種全新的電腦病毒，可以對現實世界造成實質的破壞。震網病毒曾導致伊朗的多部鈾濃縮離心機故障，那是伊朗核計畫的重要組成部分*。

為了防範這類干預，所有的設備都是「氣隙隔離」（air-gapped），也就是隔絕於網際網路之外，和核指揮控制系統一樣。但是攻擊者（最有可能是美國和以色列之間的祕密勾結，不過從未證實）知道，假如有辦法將病毒存在USB隨身碟，然後將USB隨身碟插入離心機的控制儀器，他們就可以解決這個問題。

他們知道，有五個不同的承包商會去這座伊朗核設施工作，因此他們先讓這些承包商的電腦感染病毒。病毒在這些電腦中處於休眠狀態，等待USB隨身碟出現。病毒從電腦傳到USB隨身碟上，等到USB隨身碟一插入目標的設備，病毒馬上開始發揮作用。大功告成！伊朗人花了很長時間，才搞清楚是怎麼回事。

我們也認為，2016年曾經出現某種網路干預，當時英國的三叉戟（Trident）導彈測試出了問題。有點嚇人的是，它開始誤飛，飛往美國，但是當它發現錯誤，便迅速自我摧毀。

問題到底是什麼原因造成的，沒有任何正式的官方說法，但是看起來，倒是符合某種形式的軟體攻擊。同樣的，三叉戟系統也完全隔絕於網際網路之外。不過，發射導彈的潛艇才剛經過改裝，改裝期間由多個分包商進行施工。對於類似震網病毒的干預來說，這似乎是絕佳的機會。

---

* 當然，他們本來就不該擁有核計畫，這些壞蛋！

作者愛哈拉：**賽局理論（game theory）的啟發**

 我的第一個職業選擇，是受到「相互保證毀滅」的啟發。

你想要研究賽局理論（game theory）的數學？

 不，我想要成為戰鬥機飛行員，但是沒有戰死的風險。我認為，「相互保證毀滅」意味著，不會再有戰爭。

但是這個預測不是不準嗎？好吧，我還是得去研究遊戲理論（game theory）。

 什麼意思？難道你是益智遊戲節目主持人。

沒錯。我必須向所有參賽者解釋遊戲背後的理論。

　　順帶說一句，在短時間內，這類事情還不會消失。美國大部分的指揮控制系統都過時了（其中有些還在使用軟碟），但這些系統都在升級中。有人擔心，汰舊換新的複雜性，事實上可能會給駭客帶來一系列意想不到的後門。畢竟，他們是一群足智多謀的傢伙。*

　　《奇愛博士》的開場白是一段免責聲明：「美國空軍明確表

---

* 如果看過電影《網路駭客》（*Hackers*），你就會知道了。

示，他們的保護措施會避免發生這類事件。」這恐怕不是事實。

前軍事分析師艾爾斯伯格（Daniel Ellsberg）因洩漏五角大廈文件而廣為人知，如同史蒂芬史匹柏執導的電影《郵報：密戰》所描述的；他經常談論「單一將領發動核攻擊」的能力。

許多人相信，美國的核指揮與控制設施，並非完全掌握在總統手裡。事實上，總統根本掌握不了：1960年代，美國空軍參謀長李梅將軍（General LeMay）負責戰略空軍司令部，他才是握有空軍核武器部署的最終控制權，他談及電影《奇愛博士》時曾說：「絕對不可能發生這種事情。」他也曾經規劃要消滅俄國（和中國，因為他們能一舉剷除愈多共產主義者愈好）。他打算發射核彈，攻擊人口超過2萬5,000人的所有俄國城市。換句話說，就是「徹底殲滅」。

如今，令人害怕的還有另一位獨行俠。末日時鐘在本書撰寫之際如此接近午夜，有一個重要原因：橘色老大。川普總統是否適合擔任「將手指放在核按鈕上」的那個人，有識之士紛紛表達嚴重關切。

舉例來說，哈佛大學公共衛生教授伯克爾（Frederick Burkle）認為，川普（還有金正恩和普京）表現出「反社會人格障礙」的跡象。這意味著，他們對和平不太有興趣，反而對持續的衝突很感興趣。有些專家確實認為，川普可能會自作主張，在一時衝動之下發動核戰爭。我們來檢視一下，這些擔憂是否合理。

瘋狂是《奇愛博士》的一大特色。但是在現實世界裡，這也許不見得是壞事。事實上，在「相互保證毀滅」的情境下，我們不得不處理核武庫方面的問題，這可能會有極為正面的效應。沒錯，2017年，川普處理北韓問題顯得荒腔走板、難以捉摸，可能把所有人都嚇壞了。不過，有些行為理論學家認為，

1. 搬到北太平洋的馬紹爾群島。
2. 好吧,那樣似乎不切實際。去瑞士,和朋友住在一起。根據法律,家家戶戶都必須擁有核掩體,或是進出核掩體的管道。
3. 如果你位在地面零點附近(應該不會,你應該已經位在荒島上,或是瑞士的掩體裡),不管你有多想看熱鬧,千萬不要直視爆炸。你的眼睛會瞎掉。
4. 盡快找到避難處,待在那裡。待在建築物中間,比待在外面好多了。
5. 脫掉身上所有衣服,然後扔掉,因為它們會藏有放射性物質。
6. 好好沖個澡(如果方便的話)。不要太用力搓,你可不想搓破皮膚。
7. 看在老天爺的份上,搬到馬紹爾群島吧。

這種處理情勢的做法,反而是非常明智的方式。

事實上,這稱為「狂人策略」(madman strategy),以前美國也用過這招。1960 年代末,美國總統尼克森(Richard Nixon)曾經利用這項策略來對付俄國人:美國人故意洩漏消息給俄國同行,大致上是說,他們無法控制總統,還說他既不理性又衝動。為什麼這是高招呢?好,賽局理論說,你必須考慮可能的結果。其實結果只有兩種:衝突,或是討價還價達成協議。

目前對美國來說，最好的結果是討價還價達成協議：北韓同意縮減它的核計畫，甚至擱置。但是為了推動這場交易，美國需要本身的威脅（就是率先對北韓進行核攻擊）看起來令人信服。畢竟，美國率先發動攻擊，顯然不符合美國的國家利益：這樣可能會升級成為全面的核戰爭，造成沒有數百萬人、也有成千上萬人傷亡，這包括美國的盟友南韓在內，他們恐怕會坐以待斃。照「道理」來講，美國顯然絕對不會做出這種決定，這意味著，表現出不理性的樣子，是使威脅顯得真實的唯一辦法。

有趣的是，北韓似乎也在使用類似的策略，因為同樣的論點，也可以適用於北韓的立場。事實上更是如此，因為北韓根本沒有核武庫來支持它的威脅：它的武力遠遠比不上美國，以至於它的威脅顯得加倍魯莽。

無論這些戰略態勢背後的真相如何，雙方的領導人都可以從中獲取一絲甜頭。川普的激進姿態，似乎很符合他的共和黨選民基礎，而且他總是可以將現實世界裡的缺乏行動，解釋成自己被討厭的國會制衡綁手綁腳等等。至於金正恩，他可以將美國的沒有軍事行動，說成偉大的勝利：他跟世界超級大國較勁，而且人家還退縮了。

美國和北韓之間的局勢動盪不安：在本文撰寫之際，局勢似乎已恢復平靜，川普和金正恩似乎處於相對友好的狀態。然而，這種狀態可能瞬間改變*。畢竟，北韓仍持續發展本身的武器能力，許多其他的發展也值得關切。

首先，美國在2018年退出《聯合全面行動計畫》（Joint

---

* 簡直是令人難以度日；在本書即將付梓之際，兩國關係再度惡化。當你閱讀本文時，如今狀況如何？

Comprehensive Plan of Action），這項協定對伊朗的核計畫維持嚴格限制，在防止核擴散方面成效卓著。其次，據說美國打算在

還有這些電影

好萊塢幾乎涵蓋了核威脅的每一個角度。有吳宇森執導的《斷箭》（*Broken Arrow*），片名來自美國的軍事術語，代表核武器失蹤或意外爆炸。出於某種理由，吳宇森決定不用「空箭筒」（Empty Quiver）當片名，這也是一句真正（而且適當）的美國行話，不可否認也是很棒的片名。

《大特寫》（*The China Syndrome*）最引人矚目的，是它的不祥預兆：電影劇情是關於核電廠的意外事件遭到隱瞞，1979 年在電影院上映 12 天之後，恰巧發生了真實災難，就是美國賓州三哩島事件，當地有一座反應爐遭到部分熔毀。

《獵殺紅色十月》根據克蘭西（Tom Clancy）小說改編，劇情描述蘇聯核子潛艇叛變，這艘潛艇具有無聲噴水推進系統，使得美方的聲納探測不到。史恩康納萊（Sean Connery）的俄國口音是一大特色，令人難忘；還有詹姆斯‧厄爾‧瓊斯，他顯然很喜歡與核戰有關的主題。

1983 年的經典電影《戰爭遊戲》，柏德瑞克（Matthew Broderick）飾演年輕駭客，登入美國超級電腦執行核戰爭模擬，結果那並不是模擬。長久以來有個傳聞，據說當時的雷根總統受到這部電影的啟發，因而頒布了第一條關於電腦安全的總統令。

2019年2月之前，退出一項禁止「中程」導彈的條約。這意味著，長期以來被禁用的武器，可能會捲土重來。第三，核武大國紛紛致力於現代化計畫，看在明智的觀察家眼裡，這些計畫彷彿又回到了全球核武競賽。先前減少或限制核武的企圖心，似乎已經蕩然無存。最後，看看美國和俄國的軍事理論和方法，過去原本是盡量減少核武器在國防計畫中的角色，如今卻似乎愈來愈重視核武器的部署。

最重要的是，我們正進入核武器本身不斷推陳出新的時代。歐巴馬總統希望藉由減少美國的彈頭數量，為世界樹立榜樣，但是，他的目標並未完全按照計畫進行。俄國人和中國人的回應，則是將他們的武器現代化。

不再是數字遊戲了。這場軍備競賽比的是新奇、戰術，與科技創新。俄國人一直在研發水下無人機，這款無人機可以進入敵方港口，引爆「髒彈」，利用足以致病的輻射量來汙染城市。如前所述，如果你擁有這些能力，你會希望人們知道這件事。一般認為，這些計畫是俄國故意洩漏的。藉由展現對於美國先發制人的另一種可能報復形式，他們才能好好的維持威懾力量。

在此同時，北韓人即將擁有洲際彈道導彈（ICBM），足以襲擊美國本土。因此，按照這些情勢的典型軌跡來看，川普和他的軍事顧問正大力投資本身的武器，急於確保他們在面對潛在對手的精進軍火庫時，能維持可信的威脅性。用川普的話來說，他們正在尋求「強而有力、足以遏止任何侵略行動」的核議案。

有一項特別刺激的情勢發展：美國改變了「何時發動核攻擊」的授權政策。幾十年來，觸發機制向來都是「敵人即將或真正展開核攻擊」。不過，現在也提到了網路攻擊。美國表示，

若重要基礎設施（例如手機網路或電網）遭到嚴重攻擊，它可能會以「核選項」來回應。反對者認為，這根本不成比例。聽起來確實有點過分。但是，你真的會想搞清楚他們是不是只是虛張聲勢嗎？

綜合以上所述，「原子科學家公報」認為，世界正再度走向全面不受管束的核環境，這種情形已經數十年未見。該公報稱之為「新的異常現象」：「過去為了促進更安全、更健康的地球，美國在制定與支持全球協議方面有心擔任領導角色，違背當時的信念是有害且危險的。」一想到《奇愛博士》的結局，更是令人膽戰心驚。他們說，我們正處於「事實與虛構變得難以分辨的時刻」。

距離午夜，還有兩分鐘。

死神來了

「哲學沒用。宗教也沒用。現在要靠的是醫學。」
　　　　——《**別闖陰陽界**》（*Flatliners*，1990）

如同我們所看到的，眾多電影都在探究死亡的原因，但是探討「死亡本身」的電影呢？那也是向來不缺。我們對於死亡（以及死了會怎麼樣）的好奇，意味著，探索死亡過程及後果的故事是電影製片人的必勝題材，譬如《第六感生死戀》。

　　來看舒馬克（Joel Schumacher）執導的1990年經典電影《別闖陰陽界》好了。基佛蘇德蘭（Kiefer Sutherland）、茱莉亞羅

作者愛哈拉：**我就是「大衣控」**

冒著聽起來像是「我很迷戀電影角色身上的大衣」之風險，我超喜歡基佛蘇德蘭穿的風衣。

你當然會愛囉！因為風衣是好萊塢電影裡大咖角色的代名詞。

對啊。像是《駭客任務》的基努李維（Keanu Reeves）或是《北非諜影》中的亨佛萊鮑嘉（Humphrey Bogart）。

沒錯。有穿起來招搖過嗎？

當然。你呢？

我買過一件，但沒什麼用。

喔，我猜，你穿起來比較像神探可倫坡，不像《駭客任務》裡的救世主 —— 尼歐，對不對？

勃茲（Julia Roberts）、凱文貝肯（Kevin Bacon）、比利鮑德溫（Billy Baldwin），和奧立佛普雷特（Oliver Platt）飾演一群醫學院學生，他們故意闖入陰陽界，只為了看看鬼門關裡長什麼樣子。他們輪番上陣，使自己的心跳暫停幾分鐘，然後再急救復活（但願如此），這樣他們就能回來跟大家報告。

《別闖陰陽界》帶領我們，深入探討令人迷惑的瀕死經驗背後的科學、復活的倫理道德，以及死亡本身的定義。用這種方式來結束這一切，真是再好不過了。

防止活埋的確認方法

死亡並不是我們一般可以很坦然面對的事情。聊天時一提起它，你會發現大家變得很不自在，或是趕緊轉移話題。這正是基佛蘇德蘭飾演的角色尼爾森值得玩味之處。

和大多數的人不一樣，尼爾森願意正眼凝視它。「我不想死，」他告訴他的同學：「我想要把答案帶回來。」於是，他們殺了尼爾森。

他們殺了他嗎？他真的死了嗎？「我們房間裡有死人嗎？」比利鮑德溫飾演的角色問道。這是個很有意思的問題。

偶爾，你可能會遇到本來活著，但現在你可以果斷判斷是必死無疑的東西，也許是誤闖馬路的動物，或是剛才被你一掌拍死在大腿上的蚊子。然而，醫生往往必須做出判斷。有時候，他們必須很武斷的判定患者是活是死，以及該不該停止搶救。我們知道這是武斷的判定，因為生死之間的界線何在，我們的想法一直在改變。

或許是意識到這一點，從前的希臘人和羅馬人寧可謹慎行事，希望避免將某人活埋或活活燒死。他們會等三天，等到屍

體有一點點腐爛產生，他們才會展開葬禮程序。羅馬人又多加了一道安全措施，從屍體砍下一根手指，看看有沒有流血，然後大喊三遍死者的名字。如果沒有回應（很難相信會有回應，都什麼時候了），他們才會點燃柴堆進行火葬。

後來，人們覺得好好的葬禮還要等那麼久，太麻煩了。到了中世紀，人們對於生理現象比較有一點概念以後，就發展出新的確認方法。比方說，他們會檢查心跳，還會將鏡子放在那個人的嘴巴上。如果鏡子起霧，那就是有呼吸，還沒死。如果有心跳或脈搏，你就不能昧著良心說他們沒救了。否則，他們就會成為喪葬業者的獵物。

即使如此，並不是人人都能完全釋懷，尤其是有流行病或戰爭時，意味著葬禮可能會很倉促。或許這就是為什麼，美國第一任總統喬治華盛頓要求，在執行他的葬禮之前要有「希臘式的耐心」。他在臨終時說：「把我好好的埋了吧，但是我死了之後，不要沒兩天就把我的屍體放進墓穴裡。」

到了19世紀，人們開始要求使用「安全棺材」，萬一有人突然在地底下甦醒，棺材裡頭有一根繩子可以拉。繩子會使地面上的鈴聲響起。

如果那時候你正好去掃墓，真不知道你聽到鈴聲會有什麼感覺，但「倫敦防止過早埋葬協會」（London Association for the Prevention of Premature Burial）毫無疑問會感謝你，因為證明「過早埋葬」存在的例子又多了一個。

一直到1950年代，還有人在登記新的安全棺材設計。那時它們的需求開始減少，或許是因為，醫生比較有可能宣告你還活著（但你其實已經死了），而不是宣告你已經死了（但你可能還活著）。到了1960年代，維生技術使宣告死亡變得愈來愈困難。

如何定義「死亡」？

這時候，你可能開始看出我們給自己製造的問題。如今，醫院裡住滿了停止呼吸的人，卻沒有任何人宣告他們死亡。那是因為在很多情況下，機器可以代替他們呼吸。

心跳也一樣。是的，心跳停止（如果不管它），人就會死（儘管心臟有時候又會自己開始跳動）。但是我們發展技術，利用按壓胸部維持血液在身體流動，或是利用電擊器使心臟恢復跳動，正如《別闖陰陽界》電影裡多次發生的那樣。換句話說，心電圖上的水平線，並不代表你已經死了。

1960年代，醫療技術已經發展到可以改變「生命跡象」，給醫生製造了很大的難題。以人工呼吸器為例。突然之間，已經無法自行呼吸的人，現在可以用人工方式為血液充氧。以前會迅速造成腦部致命損傷的問題，現在也不再是問題。假如他們的心臟還在跳動，這些含氧的血液就能使他們所有的器官維持功能。

但是，不仰賴機器就活不了的人，還能算是活著嗎？如果你說不算的話，患有肌萎縮側索硬化症（amyotrophic lateral sclerosis，ALS，俗稱漸凍人）、脊髓損傷等必須仰賴維生技術的人，恐怕會來找你理論。

就心臟而言，去顫（defibrillation，或除顫）技術是一項偉大的成就，可以使心臟肌肉重新開始收縮。但是，萬一眼看它發揮不了作用，你應該還要堅持多久？1997年，美國衛生研究院的報告指出，心臟停止跳動五分鐘之後，即可正式宣告死亡。但是在2013年，美國心臟協會（American Heart Association）的報告認為，醫生應該在患者心臟停止跳動後，持續進行心肺復甦術38分鐘，然後才能宣告患者不治死亡。

有鑑於這些矛盾，我們將注意力從心臟和肺臟轉移到大腦，也就不足為奇了。如果沒有大腦活動，那就一定是死亡，對吧？這似乎很明顯，但是連這點也有很多爭議。大腦活動該如何定義？

　　2019年4月，耶魯大學的一組研究人員供應氧氣和養分給豬的大腦，這隻豬已經死了四個小時。令人驚訝的是，這竟然促使某些腦細胞恢復功能：在後來的36個小時，這些細胞代謝糖、生成蛋白質。

　　沒有人知道，這樣的過程能不能恢復意識，因為研究小組利用化學物質阻止神經元放電，故意不讓意識產生。但是當研究人員移除部分大腦組織、用電刺激它們時，神經元確實會發出信號。或許更奇怪的是，在培養皿中生長的腦細胞，竟然產生類似人腦電波的信號；這個信號的形式與早產兒所產生的腦電波相似。大腦活動的信號，並不能代表一切。

　　然而，如今我們卻是以大腦發出的信號來定義死亡，當「整個腦部（包括腦幹）功能不可逆轉的停止」時，就代表回天乏術了。在這種狀態下，如果沒有機器輔助，病人根本不可能呼吸。但是，這種「全腦」死亡也無法涵蓋所有的情況。

　　首先，在大腦只受到小部分損傷的情況下，人也有可能永遠無法恢復意識。科技的進步意味著，你可能會發現他們有大腦活動，而他們的情況在幾十年前會被宣告死亡。

　　不僅如此，我們也發現，即使在功能完全正常的大腦區域，有時候竟然會顯示沒有腦電活動。1970年代的一項研究顯示，如果你定義「信號」的方式不夠謹慎，可能會讓一團糨糊在腦電圖上也顯示有信號。除此之外，全腦死亡患者的身體可以用某種方式保存，意味著其他所有的健康器官都還能用。因此你可以開始看得出來，定義「死亡」，不像以前那麼容易了。

我們愈來愈有能力維持人類活著，這產生了棘手的問題：找到器官可用的捐贈者，已經變得難上加難。目前只有不到1%的人類死亡方式，能提供可移植的器官。

解決方法之一，是將重點轉移到死亡的定義上。那是因為，循環系統疾病死者的器官移植結果，比腦死者的器官移植結果好很多。這已經導致在某些情況下，我們很有可能從「嚴格來說還活著」的人身上摘取器官。

這種概念稱為「循環停止死亡後器官捐贈」（donation after circulatory death）。它的概念是：人的心臟已經停止跳動，也不會再跳動了，他們也不會再呼吸了，所以他們不可能會自發性恢復生命。

因此，經過一定的等待時間（例如，在英國要等五分鐘、在美國要等兩分鐘、在義大利要等20分鐘），他們被連上機器，維持血液充氧與循環，這樣他們的器官就能保持新鮮可用。

在進行這些過程時，往往還會有一些大腦活動，因此醫生可能會選擇注入障壁，避免含氧血液到達大腦。很多人認為，這種做法在道德基準上大有問題：聽起來彷彿是醫生在竭盡全力確保患者無法康復，好讓患者成為理想的捐贈者，以便提供新器官給其他人。

儘管從未聽說，有患者在器官捐贈前的等待期間自發性康復，但是，曾有接受心肺復甦的患者出現「循環系統自發性恢復」的情況，有時稱為拉撒路現象（Lazarus phenomenon）。

麥克瑪絲（Jahi McMath）的案例，就是絕佳的例子。2013年，她為了改善睡眠時的呼吸問題，住進加州奧克蘭的一家醫院動手術。手術後不久，13歲的她大量失血、心跳停止。醫院的醫生宣告她腦死，於是開始進行程序，拔掉她的維生系統。

　　如果發生在其他州，那些州的宗教信仰往往會影響法令，事情可能會截然不同，但加州開了死亡證明。不過，該家庭的律師要求撤銷死亡證明，讓她繼續使用維生系統。麥克瑪絲的家人將她的身體空運到紐澤西州，因為該州的法令意味著，如

作者愛哈拉：**貝肯指數**

 我發現你的貝肯指數是3，真是令人印象深刻。

什麼？

 我只要利用其他兩個人的串聯，就能讓你和凱文貝肯（Kevin Bacon）扯上關係。貝肯和湯姆克魯斯合演過《軍官與魔鬼》。

繼續說……

 克魯斯和比爾奈伊（Bill Nighy）合演過《行動代號：華爾奇麗雅》，而和奈伊合演過《雪場女孩》（*Chalet Girl*）的人是……

夠了夠了。我在那部電影中的角色，我以為我們說好的，永遠不要再提了？

果這違背他們的宗教信仰，家人可以拒絕宣告腦死。

他們將麥克瑪絲當成活人看待，甚至在她生日那天還唱歌給她聽，直到2018年，她的肝腎功能開始衰竭，那時候她還在使用維生系統。家人認為，她是在2018年6月22日那天過世的；而加州醫院簽定的死亡日期則是在2013年。

這就是為什麼，有些醫學倫理學家建議，每個人對於死亡都應該有自己的定義。他們認為，在醫療專業人員意見不一致的時候，你可以決定，你的生命是否該圓滿結束了。因此，你將那些判斷標準寫下來，確保在你的病歷上注明清楚，這樣大家才能尊重你的決定。你死了嗎？由你來告訴我們吧。

值得一提的是，最熱中於寫這些「生前遺囑」或「預立醫療指示」的人，其中也包括研究昏迷患者的研究人員。那是因為，一旦你必須面對生死之間那條難以分辨的界線，它們似乎成了醫療必需品。昏迷及昏迷帶來的後果，正是深思死亡的絕佳理由。

什麼是「植物人」？

首先，我們應該來定義專有名詞。昏迷（coma）的患者完全不能動，而且無法回應，眼睛閉著，對任何刺激均無反應。人通常不會持續昏迷超過幾個星期；之後他們可能會死亡，或是恢復意識，或是轉為其他的意識障礙狀態，例如「植物狀態」（vegetative state，俗稱植物人）或「無反應性覺醒症候群」（unresponsive wakefulness syndrome）。

在無反應性覺醒症候群情況下，患者的眼睛是睜開的，但他們永遠無法有意義的回應任何刺激。其中有些患者或許能夠聽從簡單的指令，例如「抬頭」或「移動大拇指」。他們

或許會東張西望，有睡眠和清醒週期，甚至可能會發出呼嚕聲或鼾聲。但是，由於他們的狀態依然時好時壞，也無法以有意義的方式溝通，因此他們算是處於「微意識狀態」（minimally conscious state）。令人驚訝的是，處於無反應狀態幾十年之後，已知連「持續性」植物狀態患者也能完全恢復意識。

接下來還有「假性昏迷」（pseudocoma），也稱為「閉鎖症候群」，患者的肌肉不能動（有時候，只有眼睛或眉毛能動）。除此之外，他們一切正常：意識完全清楚、完全知道身邊發生的事情。

灰色地帶

在閉鎖症候群的類別中，有一種狀態連專業人員也很難區分定義，神經科學家歐文（Adrian Owen）稱之為「灰色地帶」。患者似乎處於植物狀態，卻又完全清醒。他們聽得見、看得見、有感知能力，但是無法回應。換句話說，他們的意識狀態高於植物人，但這是利用腦部掃描技術才發現的。

更令人震驚的是，我們在2006年才知道有這種「灰色地帶」狀態，當時歐文利用腦部掃描儀來研究，看看能不能找到任何證據，證明植物人有意識。

自1997年以來，班布里奇（Kate Bainbridge）一直處於這種狀態，原因是病毒感染使她陷入昏迷。後來，歐文和他的正電子斷層掃描（positron-electron tomography，PET）腦部掃描儀出現了。他給植物人看熟面孔的照片，看看他們大腦的任何區域有沒有反應。如歐文所言，班布里奇的大腦「亮得就像聖誕樹一樣」。

幾年後，經過許多的創新溝通療法，班布里奇完全康復，

　　如果你即將住院動手術，請勿閱讀本文。

　　有一種現象稱為「全身麻醉期間意外覺醒」（accidental awareness during general anaesthesia）。正是你所想像的那樣：麻醉劑使你無法動彈、無法自行呼吸，你本來應該沒有意識，更不會感到疼痛。但是……

　　英國皇家麻醉師學院認為，在全身麻醉的手術中發生這種情形，大約是二萬例手術才會出現一例，時間通常僅持續五分鐘或更短。

　　好消息是，只有五分之一的意外覺醒患者感到疼痛，三分之二的意外覺醒患者沒有觸覺或聽覺；他們只是意識到，自己的身體無法動彈。大多數的人醒來時不知道有這件事：記憶在幾天後再次浮現。在最壞的情況下，會導致創傷後壓力症候群和憂鬱症，但是經歷過意外覺醒的人，大部分並沒有長期的副作用。

　　她寫了一封溫馨感人的信給歐文，感謝他為自己進行腦部掃描。「我一想到就害怕，假如我沒有做腦部掃描，真不知道我會怎麼樣，」她寫道，「好像魔法一樣，它找到了我。」

　　班布里奇的經歷或許並不罕見，除了「被找到」的部分。歐文認為，被診斷為「植物狀態」的患者當中，有多達五分之一的人可能是意識完全正常的。人們往往以為這是奇蹟般的康復，但事實上，更有可能是主治醫師誤診了患者的狀態。這種想法令人恐懼，但我們正在努力，希望在診斷與溝通方面能做

得更好。首先要做的，就是將某些控制權交還給腦部掃描顯示有活動的患者。

從「持續性植物狀態」康復的人常說，這種狀態最慘的一面，就是缺乏自主權。在他們的生活中，顯然沒有太多事情可以做，所以他們希望能決定簡單的事情，例如電視要看哪一臺。現在這愈來愈有可能了。

和患者溝通

事實證明，有些閉鎖與灰色地帶患者可以自我訓練，藉由「想像某些活動」來回答問題，那樣會導致與實際進行該活動有

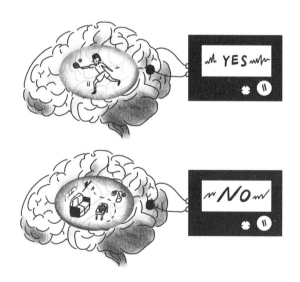

有些植物人可以溝通，方法則是偵測當他們想像「打網球」或「在家裡走動」時的大腦活動。

關的大腦區域血流增加。歐文等研究人員利用涉及肢體運動及空間意識的兩處大腦區域，建立某種二元式的「是─否」溝通系統，使患者有辦法回答問題。

這套系統首度完成時，引發了很大的爭議。有一名29歲的男子，學會用想像打網球來代表「是」，想像在家裡走動則代表「否」。fMRI掃描儀顯示，他可以正確回答一系列有關家人的問題。

自從因車禍腦部嚴重受傷以來，他成為植物人已經長達將近七年之久。家人和朋友一直在討論，用維生系統來維持他的生命是否值得。突然之間，這種話題不得不停止，世界上所有其他類似的話題也一樣。

我們恍然大悟，如何照顧（或停止照顧）無法以簡單方式與外界溝通的病人，才是我們迫切急需解決的難題。既然我們現在知道這種情況，「缺乏明顯的回應」是否足以證明該拔掉維生系統，那就很難說了。

但是，我們真的能維持每個永久植物人的生命，只為了以防萬一嗎？

事實上，在fMRI信號的解釋方面有一些爭議，而且令人尷尬的是，當我們想像打網球或在房子裡走動時，很多人產生的大腦信號不夠強，fMRI竟然偵測不到，即使我們處於功能完全正常的健康狀態。這些都對植物人的處境更為不利。如果你的想像力不太好，現在就開始練習「用想像力打網球」吧。

還有其他方法。有一種類似fMRI的技術，稱為「功能性近紅外光譜儀」（functional near-infrared spectroscopy），日內瓦大學的比伯默（Niels Birbaumer）等研究人員在其他技術相繼失敗的情況下，使用了這項技術。他們對四名患者進行測試，等到他們各自回答了大約100道問題，電腦便可將他們的大腦信號解釋

作者愛哈拉：**無聊的瀕死經驗**

 費拉爾迪（Peter Filardi）寫《別闖陰陽界》，是因為朋友告訴他，關於手術過程中的三十秒「垂死」經驗。

他的朋友有沒有走進光的隧道？

 沒有，根本什麼事情也沒發生。那顯然是無聊至極的瀕死經驗。

喔，2017年翻拍的《別闖陰陽界》，一定是受到那個故事的啟發。

為「是」與「否」，足以準確記錄他們對「你快樂嗎？」這道問題的回答。他們四個人都說「是」。

當你想起來，過去有那麼多人已經被「關機」了，這樣的發現很令人不安。其中有多少人聽到，病床邊的人在討論是否應該維持他們的生命？其中有多少人意識到，所愛的人已經決定要過自己的生活？我們永遠不會知道，但這似乎是我們需要考慮的問題。否則，歷史對我們的評價，可能會把我們和等不及開始腐爛就埋葬「屍體」的人相提並論。

創造瀕死體驗

在《別闖陰陽界》一開始的場景中，我們看到茱莉亞羅勃茲飾演的角色正在記錄有瀕死經驗患者的故事。難怪她抗拒不

了參與其中的機會。當你聽到那些人的瀕死經驗，聽起來真是（幾乎）值得一死。他們總是談到喜樂、寧靜，以及走進光的隧道，迎向失散已久的親人。

1998年，有篇論文發表在《精神病醫學》（*Medical Psychiatry*）期刊上，記錄了以下的例子。有一名55歲的卡車司機住院開刀，做了四支冠狀動脈繞道手術，他的醫生在手術過程中做了哪些事情，他都能很具體的告訴醫生，因為卡車司機從手術臺上方觀看了整個過程。或者，那是他的感覺。醫生承認，自己做過卡車司機所敘述的那些事情。

卡車司機還說，他看到燦爛的光芒，他隨著光芒穿過隧道，來到他所形容的溫暖、喜樂、寧靜的地方，他在那裡見到過世的母親和姊夫，他們跟這位卡車司機說，他必須返回自己的身體。根據那篇論文，卡車司機「醒來後變得熱心助人，渴望談論自己的經歷，令尷尬的妻子很難受。司機認為這件事情是他的生活焦點，妻子卻認為他的『鬼故事』微不足道，不許他再提起」。

人類早有這樣的經驗。希臘作家赫拉克利特（Heraclitus）、德謨克利特（Democritus）和柏拉圖都寫過相關的主題，描寫死而復活的人娓娓道來自己在另一個世界的時光。

巴瑞特爵士（Sir William Barrett）是第一位與瀕死經驗結下不解之緣的科學家，他是倫敦皇家學院的物理學家，也是英國皇家學會的會士。不過，他大力倡導心電感應、千里眼、活人可以與死人交談等概念，足以使他的許多同事對他「以任何科學嚴謹的方式深入探討這些議題」的能力產生懷疑。

巴瑞特對這個領域唯一的真正貢獻，是他在1926年出版的書，書中訴說人們瀕臨死亡遭遇的故事。既然巴瑞特有這種興趣，當你聽到，他對於「人們在瀕死時刻與已故者相見甚歡」

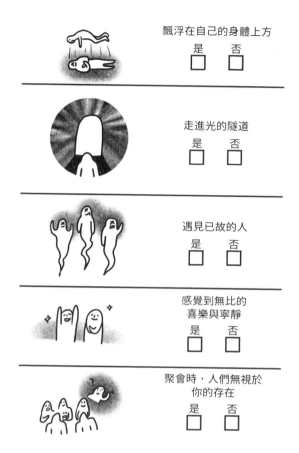

飄浮在自己的身體上方
是 □ 否 □

走進光的隧道
是 □ 否 □

遇見已故的人
是 □ 否 □

感覺到無比的
喜樂與寧靜
是 □ 否 □

聚會時，人們無視於
你的存在
是 □ 否 □

如果這些問題你回答「是」，恭喜你！你已經有瀕死經驗了。

的概念不置可否時，也就不足為奇了。

　　儘管疑雲重重，隨著20世紀的醫學進展，關於瀕死經驗的報導變得愈來愈常見。人的身體在復原之前處於逐漸接近「關機」的狀態，這意味著，有愈來愈多人經歷過「聽到自己被宣告死亡、看到又長又黑的隧道、如快轉般回顧一生重要大事」

的意識旅程。

1975年，有一位美國醫生名叫穆迪（Raymond Moody），他寫了一本書來描述這一切，人們反應熱烈。《死後的世界》（*Life After Life*）成了暢銷書，持懷疑態度的科學家紛紛對穆迪的說法進行調查。

穆迪聲稱，這種經歷很普遍，可是以前人們太害怕被嘲笑，所以沒有說出來。他們發現的結果令人震驚：生命垂危的住院患者當中，竟然有9％至18％之間（視調查而定）的人，曾經有類似穆迪所描述的經驗。他們通常都會談到面臨「不歸路」，以及毅然決然返回自己的肉身。一般來說，那是一段積極正面、甚至令人愉悅的經歷。

聽起來像是嬉皮般胡說八道，但自曝有這種經驗的人，不只是嬉皮。無論是宗教或心靈追求、得了精神疾病，或知道瀕死經驗的故事，都不會讓你比較可能有這種經歷。儘管我們有種種懷疑，我們不得不承認那是「真實的」。所以，到底是怎麼回事？

我們都活在幻覺裡？

或許，我們應該先從這件事開始說起：我們所有的經驗（即使在清醒時），都是某種形式的幻覺。我們的大腦只能處理電信號和化學信號，這些信號被解釋成視覺、聲音和氣味。

在極其複雜的內在表徵世界裡，這些感覺是完全主觀的。其他人無法體驗、進入或檢視這種「個人的世界觀」。正如神經科學家賽斯（Anil Seth）所言，我們一直都在產生幻覺，當我們對幻覺達成共識，便稱之為「現實」。因此，身體在極度的壓力下，可能會發送信號給大腦，因而改變對於「普遍認同的現實」

的認知，也就不足為奇了。

心理學家布萊克莫爾（Sue Blackmore）和特羅契安科（Tom Troscianko）曾經對此進行測試，利用電腦來模擬視覺皮層的輸出信號。他們模擬神經細胞的「去抑制」（disinhibition）效應，使大腦活動失去控制，如同已知腦部缺氧、受到某些藥物影響、偏頭痛或癲癇時會發生的那樣。他們發現，模擬的視覺皮層因為這種干擾而產生的視野，「到最後，整個螢幕充滿亮光。看起來就像是黑暗的隧道終點有一道白光，那道光愈來愈大（或愈來愈近），直到充滿整個螢幕。」

明白他們做了什麼嗎？布萊克莫爾提到，大腦利用感官輸入來推論動作，如果視覺輸入是一圈愈來愈擴大的光，就會給人一種「穿越隧道走向那道光」的感覺。

不難想像，其他的瀕死經驗現象，應該也是來自於其他過度活躍的大腦迴路。特別是，我們已知其中有些會在別的情況下發生。

如同我們在〈第7種末日〉所看到的，睡眠障礙可能會產生視幻覺及靈魂出竅的感覺。舉例來說，得了「行屍症候群」（walking corpse syndrome）的人會覺得自己已經死了。有時候，多發性硬化症晚期患者和傷寒患者也會發生這種現象，這似乎與前額葉皮質和頂葉皮質的異常活動有關。這些區域涉及「建構連貫的現實情況」。

許多致幻藥物會影響大腦，使人產生幻覺。許多其他的藥物會刺激快感。如果你的大腦產生過多的神經傳導物質多巴胺，你可能會有「見到其他人影」的視幻覺；我們知道這件事是因為，這是治療帕金森氏症的副作用，很多患者都說他們遇見了妖魔鬼怪。

換句話說，我們其實不必動用「神的存在、另一種現實

作者愛哈拉：**殺了我吧！**

 你覺得，你在瀕臨死亡時會遇到什麼事情？

 嗯，我和基佛及凱文一樣，從來沒有欺負過任何人，所以大概只會遇到好事。你呢？

 我也不是惡霸。可是我在網路上嘲笑過很多人。

 你的瀕死經驗，八成是回顧你刪掉的推文。

 那樣的話，現在就殺了我吧。有的推文真是太讚了！

面、天堂或地獄」來解釋瀕死經驗。那種近乎神靈的感覺，只不過是大腦秀逗的現象而已，與「似曾相識」（déjà vu）的感覺沒什麼不同。

然而，瀕死經驗可能是非常正面的事情。很多人發現，那是改變一生的時刻，有了瀕死經驗之後，他們擁有強烈的寧靜感與使命感，對死亡的恐懼大大減少，變得更有自信、性格更開朗。聚會時，你顯然會想要躲開他們，但是，你也很難不為他們感到開心（哪怕只是一點點）。

我們騙得了死神嗎？

當我們看《班傑明的奇幻旅程》時，我們發現，有很多方

法可以對抗「生物降解終究會導致死亡」的衝擊。但是，與其利用種種科技來對抗，設法暫停或復原那些出了問題的細胞作用，或許，我們應該坦然面對死亡，從墳墓伸出兩根手指向死神打招呼。

這說法聽起來很荒謬，但是有兩種方法或許辦得到。事實上，你現在就可以擁有其中一種方法。歡迎來到「冷凍保存」（cryopreservation）的奇妙（且超乎樂觀的）世界。

還記得嗎？我們在〈第5種末日〉曾經談到冷凍胚胎、精子、卵子的高難度科技，完好無損的解凍它們之後，它們就能實現自己的生物使命。

好，用你的頭來做同樣的事情，如何？

如果這聽起來荒謬至極，你可能已經忘了，我們提過的耶魯大學研究：使死了四個小時的豬的大腦復活，或許正是往這條路邁進的第一步。對於冷凍遺體已經保存於液態氮中，等待時機成熟便可解凍的所有人來說，這肯定是他們當初所抱持的心態。

但是，現在的時機尚未成熟，因為我們還沒有技術，可以在不破壞細胞的情況下解凍（也無法修復已經發生的任何損傷）。然而，這些遺體的主人是「超人主義者」（transhumanists）先驅，有朝一日，他們將會改變人類的死亡經驗。至少，他們是這麼說的。

很多的冷凍遺體都被安置在「阿爾科生命延續」（Alcor Life Extension）公司的設施裡，公司位於加州（可想而知）。這家公司可不是一群怪胎：〈第9種末日〉提到的德格雷，也名列阿爾科公司的科學顧問委員會。這間公司會在你死亡時冷凍你的全身，費用是20萬美元。不過，如果你是在美國境外，那就還要支付額外費用。阿爾科公司認為，為了獲得最佳結果，

死亡後應盡快將遺體運送到公司的設施，如果你是在歐洲或中國，那就會很昂貴。

對了，阿爾科公司冷凍你的頭部，只要8萬美元。不過，如果你沒有那麼多現金，不妨試試位於西伯利亞的KrioRus公司*。目前，他們的設施中保存了65具冷凍人體和31具冷凍寵物遺體。他們做全身冷凍，只收取3萬6,000美元（或等值盧布）。他們的網頁說：「財務與付款計畫靈活有彈性，但建議在安排規劃與簽約時一次付清。」

誰來解凍？

截至2018年底，在阿爾科公司的儲存設施中，被冷凍的「患者」有164人，還有一千多人報名登記未來的冷凍。其中顯然有很多問題，例如，是誰讓「患者」復活、什麼時候復活等等。答案就在阿爾科公司和這些人的合約中：「依據阿爾科公司的最佳誠信判斷，當試圖復活明確符合冷凍保存會員的最佳利益時，阿爾科公司應試圖使會員復活及復原。」

在將來不可知的那一天，但願阿爾科公司還在正常營運。不過，我們還是有樂觀的理由。日本建築公司金剛組成立於西元578年，那是一千四百多年前了。阿爾科公司當然可以生存，直到我們擁有解凍及修復這些先驅者的技術為止。不是嗎？

所以，我們還是有疑慮啦。不過，儘管任人嘲笑，他們的期望並非完全沒有根據。這根據就是細菌結冰也能存活。2007

---

* 我們認為，KrioRus是「低溫」（cryogenics）和「俄國」（Russia）的俄文縮寫詞，但我們也不反對以下的想法：它其實是根據「Toys R Us」（玩具反斗城）而來的。

年，研究人員成功使八百萬年前冰封於北極冰層中的某些細菌復活。還有兩棲類的木蛙，牠們幾乎一半的身體結冰還能存活。冰晶在木蛙的皮下形成，牠的心臟停止跳動，而且沒有呼吸。牠看起來已經死亡（至少以中世紀的標準來看）。但是11天之後，牠竟然又活了過來。

這是有可能的，因為木蛙體內含有的蛋白質和葡萄糖分子，已經演變到可以防止細胞本身在這麼低的溫度下爆裂。我們也開始有能力表演同樣的把戲。

還有這些電影

關於死後世界的電影向來不缺，但是關於瀕臨死亡（或類似情況）之後的生活，則是更有特色。最有名的電影，或許是獲得三項奧斯卡獎提名的《睡人》。本片根據薩克斯（Oliver Sacks）的書改編，敘述處於僵直狀態長達數十年的腦炎患者如何康復。電影由羅賓威廉斯（Robin Williams）和勞勃狄尼洛（Robert De Niro）主演，值得一看。

接下來還有瑞奇賈維斯（Ricky Gervais）主演的**《超感應妙醫》**（Ghost Town）。他在片中扮演的角色擁有瀕死經驗，導致他看得到鬼魂。1996年的**《伊甸園》**（Eden）是一名婦女的故事，她患有多發性硬化症，晚上會靈魂出竅，到最後陷入昏迷。本片相當聳人聽聞，但它在1996年日舞影展獲得評審團大獎提名，我們真是有眼無珠。

人體試驗還沒有人進行過，不過，21世紀醫藥公司（21st Century Medicine）的研究人員曾對兔子的大腦進行試驗。他們先從大腦抽出血液，然後以戊二醛取代，這種化學物質冷卻時，不會像水性液體那樣膨脹、導致細胞可能會爆裂。

他們將兔子的大腦冷卻至攝氏零下135度，一星期之後，又將它們恢復至室溫。兔腦神經元之間的所有連結都完好無缺，這顯示（在整個初始程序中，如果兔子實際上還活著）兔腦在解凍時，或許還有功能，說不定所有的記憶和習得行為也都還存在。因此，他們的論點是，完整保存有記憶和性格的人，或許是有可能的。

這顯然是很大的進步。是的，我們曾經將蟲類冷凍又解凍，看到牠們表現出經歷冰凍之前的習得行為。但是，蟲類、兔子和人是截然不同的。此外，戊二醛是劇毒。你大概不會預期，人被「醃製」在有毒化學物質中迅速冷凍、幾個世紀之後解凍，經過這番折騰還能活命。

因此，永生的第二種方法，或許是更好的選擇。生物作用再也限制不了我們。相反的，我們的存在變成以矽為主：我們只要上傳自己的記憶就好了。

複製大腦

誠然，這也很異想天開。想法很直截了當：你可以將大腦中所有的連結（以及它們的編碼資訊）完全複製在電腦上。於是那部電腦保存了「你」的複本。不過，哲學上來說，這是一場噩夢。我們能確定，我們的「自我」就這麼整整齊齊的裝在我們大腦的結構裡嗎？我們有辦法擷取所有的重要本質嗎？會不會少了什麼資訊，結果製造出來的，只不過是我們豐富內心

世界的低劣複製品？我們該何時上傳？如果太早上傳的話，會不會有兩個我？如果我們對於「意識是什麼、意識如何運作」一無所知，我們怎麼可能會考慮這麼做？

　　儘管如此多的疑問，已經有一家新創公司正在研究這個想法。Nectome公司尚未進行上傳操作：它們只是保存大腦，一旦電腦程式端開始運作執行，便準備進行分析與上傳。問題是，他們需要新鮮的大腦才行，因此，他們的理想客戶是患有致命疾病、願意在他們的防腐設備中接受安樂死的人。顯然，在Nectome公司的所在地，這是完全合法的：加州（你猜對了）。

　　聽起來很可笑，不是嗎？但是不要急著嘲笑。已經有數十人報名登記，每人付了1萬美元的訂金（如果他們改變主意，可以全額退款），以便列入等候名單，等待技術準備就緒。並非所有的科學家都說，他們的目標是完全不可能的。不過，最不樂觀的說法，或許是來自霍華德・休斯醫學研究所（Howard Hughes Medical Institute）的海沃斯（Ken Hayworth），他告訴《STAT新聞網》，「我認為『保存大腦將會導致未來的復活』，這種可能性非常小，但不為零。」

　　你信不信？

致謝

 好了，就這樣。這回我們要感謝誰？

 首先要感謝的是，曾經在「Science(ish)」播客節目中與我們對談、檢查過我們的文字（或兩者兼有）的所有專家：Toby Walsh、Jonathan Quick、Aubrey de Grey、Shanna Swan、Monica Gagliano、Pete Feaver、Henry Nicholls、Megan Bruck Syal、David Keith、Leslie Whetstein。要是沒有他們，我們真的會很辛苦。

 你的部分說完了。我要感謝我的爸爸媽媽，他們做了一件偉大的事情。

 什麼偉大的事情？他們知錯能改，所以生完你之後，就再也不生小孩了？

 才不是啦，他們知道再也生不出更厲害的小孩了。

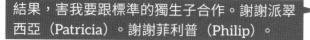 結果，害我要跟標準的獨生子合作。謝謝派翠西亞（Patricia）。謝謝菲利普（Philip）。

 我想要補充一下，我們英文版的插畫家凱斯利（Colin Kersley）畫得那麼棒，我擔心會讓文字相形失色。

 我不確定，我們可以因此而怪罪圖片。

 那我們可以「再一次」怪罪我們的編輯哈普利（Mike Harpley）嗎？

 我覺得那樣子對他不公平。我們對於「最後期限」、「印刷時程」和「字數」表現出無所謂的態度，他的耐心很值得讚揚。

 喔對了，我們也要感謝沃爾夫岡電臺的工作人員。感謝我們的急智製作群Eli Block、Elle Scott、Cormac Macauliffe、Ivor Slayer Manley。感謝羅奇（Colm Roche）讓我們一直做播客節目，即使在財務方面沒有任何意義。

 這提醒了我，我非常感激我的經紀人沃爾許（Patrick Walsh），他一直是我的代言人，即使在財務方面沒有任何意義。

 我顯然必須向我的賢妻伊瑪（Emer）道謝，我常常悶悶不樂坐在那裡，偶爾對著她大吼「妳知道植物把老鼠給吃了嗎？」之類的事情，她一直很容忍。

很難說，誰的老婆過得比較痛苦。不過，大概是你的吧。

 說完了嗎？

還沒。我要感謝你，因為你總是讓我看起來很聰明。

 我覺得這是讚美，儘管我知道並不是。

國家圖書館出版品預行編目(CIP)資料

破解好萊塢的科幻想像：11種電影裡的世界末日
與科學/艾德華斯(Rick Edwards), 布魯克斯(Michael
Brooks)著；黃靜雅譯；鄭涵文繪圖. -- 第一版. -- 臺
北市：遠見天下文化出版股份有限公司, 2020.11
　　面；　　公分. -- (科學文化；198)
譯自：Hollywood wants to kill you : the peculiar
science of death in the movies
ISBN 978-986-525-004-1(平裝)

1.科學 2.電影片 3.通俗作品

307.9　　　　　　　　　　　　　　　109018012

科學文化 198

破解好萊塢的科幻想像
11 種電影裡的世界末日與科學
Hollywood Wants to Kill You:
The Peculiar Science of Death in the Movies

作者 —— 艾德華斯（Rick Edwards）、布魯克斯（Michael Brooks）
譯者 —— 黃靜雅
科學叢書策劃群 —— 林和（總策劃）、牟中原、李國偉、周成功
繪圖 —— 鄭涵文

總編輯 —— 吳佩穎
編輯顧問 —— 林榮崧
特約編輯 —— 林韋萱
封面暨版型設計 —— 江孟達
校對 —— 呂佳真

出版者 —— 遠見天下文化出版股份有限公司
創辦人 —— 高希均、王力行
遠見・天下文化・事業群 董事長 —— 高希均
事業群發行人／CEO —— 王力行
天下文化社長 —— 林天來
天下文化總經理 —— 林芳燕
國際事務開發部兼版權中心總監 —— 潘欣
法律顧問 —— 理律法律事務所陳長文律師
著作權顧問 —— 魏啟翔律師
地址 —— 台北市 104 松江路 93 巷 1 號 2 樓
讀者服務專線 ——（02）2662-0012
傳真 ——（02）2662-0007；2662-0009
電子郵件信箱 —— cwpc@cwgv.com.tw
郵政劃撥 —— 1326703-6 號 遠見天下文化出版股份有限公司
出版登記 —— 局版台業字第 2517 號

電腦排版 —— 立全電腦印前排版有限公司
製版廠 —— 東豪印刷事業有限公司
印刷廠 —— 祥峰印刷事業有限公司
裝訂廠 —— 中原造像股份有限公司
總經銷 —— 大和書報圖書股份有限公司 電話／(02)8990-2588
出版日期 —— 2020 年 11 月 30 日第一版第 1 次印行

定價 —— NT400 元
ISBN —— 978-986-525-004-1
書號 —— BCS198
天下文化官網 —— bookzone.cwgv.com.tw

天下‧文化
BELIEVE IN READING